宇宙探秘丛书

Taiyangxi zhi Lü

方碧真　杨洁　刘嘉莹　编著

太阳系之旅

SPM 南方出版传媒
广东科技出版社｜全国优秀出版社
·广　州·

图书在版编目（CIP）数据

太阳系之旅 / 方碧真，杨洁，刘嘉莹编著. —广州：广东科技出版社，2021.3（2023. 3 重印）
（宇宙探秘丛书）
ISBN 978-7-5359-7473-0

Ⅰ. ①太…　Ⅱ. ①方…　②杨…　③刘…　Ⅲ. ①太阳系－普及读物　Ⅳ. ① P18-49

中国版本图书馆 CIP 数据核字（2021）第 030805 号

太阳系之旅
Taiyagnxi zhi Lü

出 版 人：朱文清
责任编辑：张　芳　黄　铸
封面设计：柳国雄
责任校对：于强强
责任印制：彭海波
出版发行：广东科技出版社
（广州市环市东路水荫路 11 号　邮政编码：510075）
销售热线：020-37607413
http: //www.gdstp.com.cn
E-mail: gdkjbw@nfcb.com.cn
经　　销：广东新华发行集团股份有限公司
印　　刷：广州市彩源印刷有限公司
（广州市黄埔区百合三路8号　邮政编码：510700）
规　　格：787mm×1 092mm　1/16　印张 8　字数 160 千
版　　次：2021 年 3 月第 1 版
2023 年 3 月第 2 次印刷
定　　价：48.00 元

前　言

人类对宇宙的探索一直在进行着。20世纪50年代以来，随着科学技术水平的不断提高，科学家们陆续向太空发送了数不清的航天飞船和探测器，传回了许多的数据和照片，不断刷新人们对宇宙的认识，掀起了一波又一波的探索热潮。

从地月系到太阳系，再到银河系、河外星系，人们终于知道，宇宙是如此的浩瀚无垠！人类所居住的地球只是宇宙中一颗很普通的行星，而地球上的人在宇宙中则如同沧海一粟！但是，人类虽然渺小，却具有无穷的智慧。在过去的50年里，人类已经完成了对太阳系中星体的初步探索。因此，当广州大学地理科学学院科普基地“宇宙探秘丛书”编写组发来邀请时，我们欣然接下其中《太阳系之旅》的编写任务。

《太阳系之旅》主要介绍太阳系中的太阳、八大行星及其主要卫星、矮行星及小行星、彗星等天体的特征，包括天体的外表、主要组成物质、运动特征、环境特色等。重点在于根据最新信息阐述八大行星的特色。例如，水星个头最小但公转快速，坑洼荒凉；金星明亮美丽却如同地狱；地球湛蓝绚丽且生机勃勃；火星红色荒凉却又壮观非凡；巨大的木星居然能快速自转，不仅有大红斑、强大磁场和绚烂极光、巨厚的液态金属氢层等，还有各具特色的大卫星们；自带光环的土星多姿多彩却有狂暴的天气，它的卫星上流淌着甲烷河流；蓝绿色的天王星美若翡翠，公转运动却很不优雅，冰冷怪异且臭味四逸；蓝色的海王星美若

大海，但遥远又寒冷，且狂风呼啸。

人类对浩翰的宇宙充满着好奇，挣脱地球的引力展开太空探索需要勇气和科学技术。远古的人们只能对着天空幻想，今天，人们已经可以在太阳系中进行广泛的探索。目前，中国正在展开月球探索和火星探索，青少年将会成长为未来太空探索的主要力量。本书对青少年读者进行太阳系知识的科普，可以最大限度地拓宽青少年的视野，培养青少年想象力，激励青少年勇于进行宇宙探索。

本书主要由方碧真主笔撰写、统稿和定稿。杨洁、刘嘉莹主要负责查找部分资料和插图，分别参与写作 PART 7 和 PART 8、PART 3 和 PART 6 的部分内容。

感谢广州大学地理科学学院科普基地领导和老师们的信任与鼓励！谢献春老师在百忙中抽时间审阅了 PART 1、PART 2 并提出了宝贵的修改意见，广东科技出版社的编辑在策划和编辑过程中做了大量的工作，在此一并表示衷心的感谢！

本书写作时间匆促，难免存在缺点和错误，诚挚地欢迎批评、指正。

方碧真

2020 年 11 月 7 日

目录

Part1

认识太阳系

Part 2

光辉璀璨的太阳

Part 3

水星和金星

Part 4

地球和火星

Part 5

巨大的木星

Part 6

美丽的土星

Part 7

天王星和海王星

Part 8

矮行星和小天体们

Part1

认识太阳系

一、什么是太阳系

自古以来，人们对于头顶上的天空总是无限向往。从遥望月亮和星空到20世纪开始的深空探测，人们对天空、太阳系及宇宙的认识不断深化，视野越来越开阔（如图1-1）。

人们日常观察到的天象变化周而复始，如早晨朝阳升起，光芒四射；傍

图1-1　人们对于头顶上的天空总是无限向往

晚日落西山，彩霞满天（如图 1-2 左）；夜晚皓月当空，星移斗换（如图 1-2 右）。于是，有了一种感觉：我们所在的大地是不动的，天空则围着大地在旋转。日出日落，宇宙有规律地变化着。

图 1-2　人们常见的满天彩霞（左）与朗月星空（右）

所以，在公元 16 世纪之前，人们认为地球就是宇宙的中心，静止不动，宇宙如同一个有限的球体，有天、地两层，月球、水星、火星、太阳、金星、木星和土星依次处在从近到远的轨道上，围绕着地球转动，物体总是落向地面（如图 1-3 左）。这就是“地心说”的主要观点。但人们很快发现，地心说很难正确地预测行星的位置，于是出现了本轮和均轮学说（图 1-3 右）。简单地说，就是行星围绕地球运动的轨迹是均轮，同时行星还绕着均轮上的一个点做圆周运动，其运动轨迹叫本轮。后来，随着更多的观测分析发现，本轮、均轮学说都不能准确描述行星的运动。

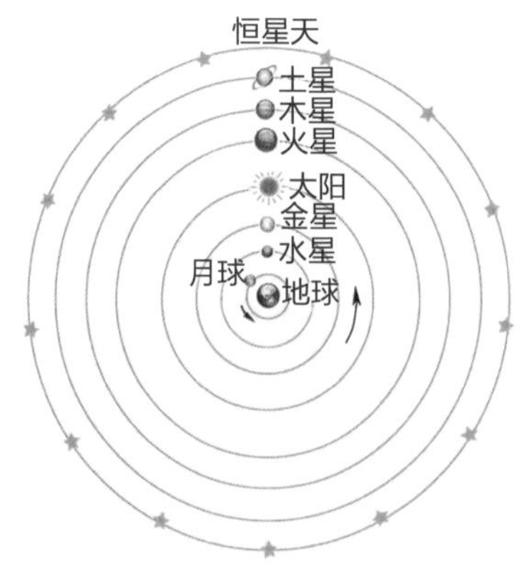

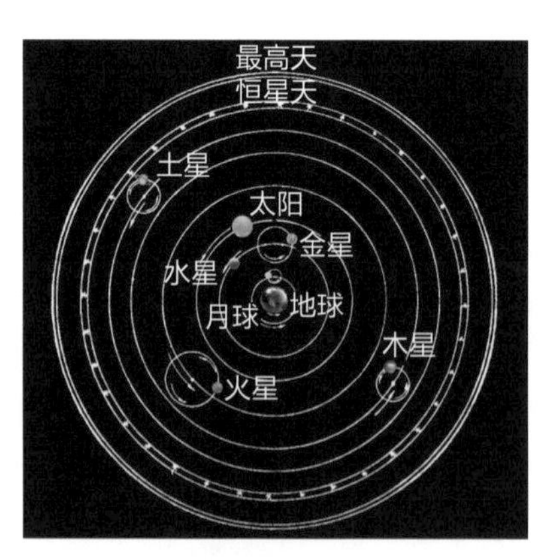

图 1-3　“地心说”的宇宙构成（左）与本轮、均轮（右）

直到 1543 年，天文学家哥白尼发表了《天体运行论》，提出了“日心说”，认为太阳才是静止不动的，地球及其他行星一起，各有自己的运行轨道，围绕着太阳做圆周运动(如图1-4)。

时至今日，我们知道宇宙浩瀚无际，无边无垠。宇宙中的天体星罗棋布，数不胜数。太阳只是宇宙中的一颗普通恒星，是质量巨大、会发光的星球。它的组成物质主要是氢，其次是氦。我们生活的地球只是一颗围绕太阳运转的行星，是质量较小、不会发光、围绕恒星运转的星球。月球则是地球的一颗天然卫星，它的质量比行星小，且围绕地球运行，并与地球一起围绕太阳运转。我们在夜空中常看到的月亮，就是反射太阳光的月球。

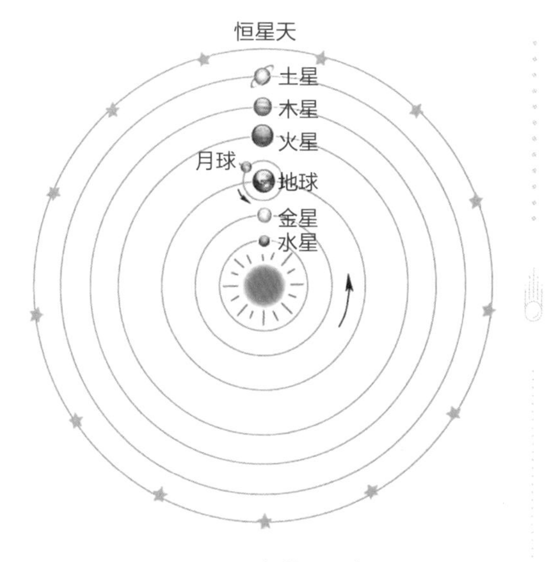

图1-4 “日心说”示意图

太阳系，就是由太阳与周围的行星、矮行星、小天体们一起所组成的行星系统(图1-5)。太阳系位于银河系的一个旋涡臂上，而银河系也只是宇宙众多星系之一。

图1-5 太阳系示意图

二、太阳系的组成

严谨地说，太阳系是由太阳及 8 颗行星、5 颗矮行星、205 颗卫星、50 万颗以上的小行星和无数彗星所组成的。太阳是太阳系的中心天体，是一颗巨大的恒星，它的质量占据了整个太阳系的 99.86%，具有巨大的引力。行星和矮行星们受到太阳引力的束缚，沿着各自的轨道，以各自的速度，围绕太阳运转（如图 1-6）。卫星则围绕行星或矮行星运转，并与所围绕的星体一起围绕太阳运转。小行星的体积和质量比行星小得多，但与行星一样也围绕太阳运转。行星、矮行星、卫星、小行星们的质量都比太阳小得多（如图 1-7），而且本身不发射可见光，但可反射太阳光，因而表面发亮。

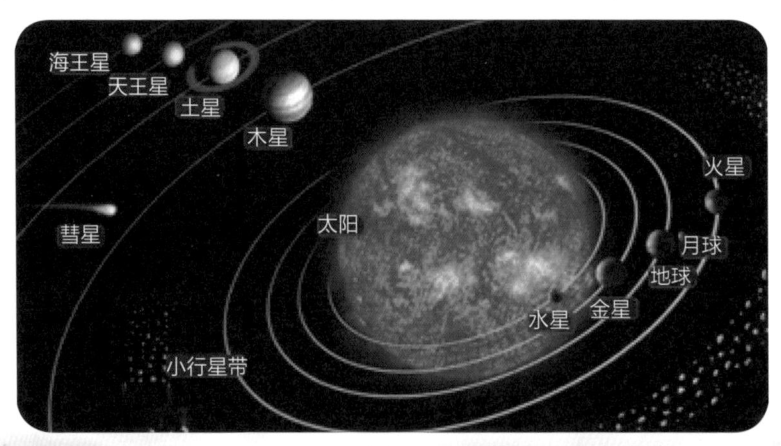

图 1-6　8 颗行星绕着太阳运转

图 1-7　太阳系 8 颗行星大小与太阳的比较

太阳系由里到外，靠近太阳的四颗行星分别是水星、金星、地球和火星；它们质量小，自转速度慢，卫星少或没有卫星，且具有比重较大的固体外壳，组成成分以硅酸盐岩石为主，称为类地行星（或岩石行星）。离太阳较远的4颗行星分别是木星、土星、天王星和海王星；它们质量巨大，自转速度快，卫星多，且不具有大比重的固体外壳，组成成分以氢、氦为主，称为类木行星（见表1-1）。

表1-1 太阳系的行星比较

行星名称	赤道半径/千米	质量（地球=1）	密度/(克·厘米$^{-3}$)	自转周期/日	卫星/个
类地行星					
水星	2 440	0.055	5.43	58.65	0
金星	6 073	0.815	5.24	243.01	0
地球	6 378	1	5.52	0.9973	1
火星	3 397.2	0.107	3.94	1.026	2
类木行星					
木星	71 492	317.94	1.33	0.41	79
土星	60 000	95.18	0.7	0.426	82
天王星	25 559	14.64	1.24	0.646	27
海王星	24 750	17.22	1.66	0.658	14

矮行星被定义为体积介于行星和小行星之间，围绕恒星运转，具有足够质量，呈圆球形，但不能清除其轨道附近其他物体的天体。太阳系的5颗矮行星由里到外分别是谷神星、冥王星、鸟神星、妊神星和阋神星。

目前已经被科学家编号记录的太阳系小行星有2 600多颗，它们主要分布在3个区域：①小行星带，是位于火星与木星轨道之间的小行星密集分布区域。这里的小行星数目众多，达到50万~70万颗。太阳系里的绝大部分小行星都分布在这里，谷神星也在这里。②柯伊伯带，是在海王星轨道外侧的黄道面（即地球绕太阳公转的轨道平面），天体密集分布的中空圆盘状区域。这里满布着大大小小的冰封小天体，冥王星、鸟神星、妊神星都分布在这里。③离散盘，是处在太阳系最远的区域，它的最内侧部分与柯伊伯带重叠。这里零星散布着主要由冰组成的小行星，阋神星刚好就在这里。

卫星指的是围绕行星进行周期性运转的天然天体。卫星的质量更小。太阳系里一共有卫星 205 颗，其中木卫三最大，是卫星中的冠军；其次就是土卫六和木卫四。我们地球的卫星是月球，在太阳系的众卫星中排第五位，也可算是当中的佼佼者。

彗星是质量很小的星体，它们也绕着太阳运行，通常在背着太阳的一面拖着一条扫帚状的长尾巴。彗星体积大，密度很小。

三、太阳系的奇特规则

太阳系与人类息息相关。虽然太阳系在宇宙中显得微不足道，但因人类所生活的地球就在太阳系里面，因而太阳系对于人类是独特的（如图 1-8）。

据记载，伟大的科学家牛顿曾经制作了一个太阳系的模型，模型的中央是一个镀金的太阳，周围 8 个行星各就各位，沿着自己的轨道和速度做运动，井然有序。为此牛顿曾对来访的哈雷说："这个模型虽然精致巧妙，但与真正的太阳系比起来，实在算不得什么……"太阳系的规律和有序，令许多伟大的科学家赞叹不已！

图 1-8　太阳系 8 颗行星各按自己的轨道绕太阳运转

为什么太阳系的行星们都如同钟表般精确地运转，以至科学家们大为惊叹？人们观测发现，太阳系的行星们都默默地遵守着一种奇特的规则，这些规则主要体现在以下 3 方面：

（1）近圆性。八大行星都按自己的速度，沿着自己的轨道，围绕着太阳在运行，轨道的形状都近似于圆形。

（2）共面性。八大行星的轨道面都近似地位于同一个平面上，称为黄道面。

（3）同向性。八大行星都自西向东绕着太阳运转（称为“公转”），同时多数行星的自转方向也是自西向东。只有金星和天王星除外，很可能是它们曾经被较大的星体撞击所致。

经过多年的观测，科学家们得出了这样的结论：与宇宙中其他行星系相比，我们的太阳系真的是与众不同！太阳系的行星轨道都接近于圆形，一环一环稳定地排列着，看上去很规律、很完美。太阳系真的是精妙绝伦，太奇特了！

四、太阳系的形成

太阳系是如何形成的呢？这是一个很大的问题，也是一个很久远的问题。这个问题一直在激励着人们不停地探索宇宙的奥秘。

不同时代的科学家都有不同的答案，其中 18 世纪中叶出现的星云假说，得到了当时许多人的接纳。但随着现代科学的发展和恒星演化理论的建立，出现了现代星云学说。按照星云学说的解释，太阳系诞生于大约 46 亿年前一片巨大的原始气体尘埃云。这片寒冷的原始星云漂浮在广袤的银河系一隅，温度约为 -240℃，天文学家称之为太阳星云（如图 1-9）。

很显然，太阳系的形成经历了很漫长的过程。一般认为，原始星云中有气体、有尘埃、有冰块、有大大小小的固体物质。当星云附近一颗超新星发生了爆炸，释放出的强烈冲击波穿透整个星云，引起了巨大的扰动，星云的物质发生了激烈的相互作用。在万有引力的作用下，星云物质相互吸引，气体和灰尘聚集结合，形成了致密区域（云的核心）。随着核心区越来越密集，引力越来越强大，越发吸引更多的气体聚集，以致星云发生坍缩（体积缩小，密度加大）并转动。在角动量守恒定律的作用下，云团越发密集，转动越快，而且呈螺旋式的逆时针旋转。这个过程持续地进行，使得星云变成一个中部厚而四周薄的、又圆又扁的星云盘。

图 1-9　被认为是恒星诞生地的猎户座大星云

星云进一步坍缩旋转，星云盘的中心密集区域形成原始太阳。原始太阳开始吞噬周围的气体和灰尘，不断增大、增温。最后，它因聚集的物质足够多，其中心部分产生足够大的压力和温度，使其中的氢发生热核反应，因而成为一颗自身能够发光的恒星（如图 1-10）。

同时，星云盘的周围则进行着行星的形成过程：首先是聚集过程，然后是吸积过程。在聚集过程中，星云盘中的尘粒在运动中发生碰撞并结合在一起，逐渐增长。有些增长较大的尘粒开始进入吸积过程，吸附较小的尘粒，使自己越发增大。当它们增大到不会因碰撞而破碎时，就成了星子。星子也因引力作用发生运动和碰撞、吸积，这样的过程持续进行，一些特大的星子就出现了。这些特大的星子就是行星的前身，称为星胚。星胚日益壮大，自身产生的引力也越来越大，引力吸积作用逐渐代替了碰撞吸积。于是，在一定的范围内，星胚逐渐吞噬掉所有的星子，使自己加速壮大。经过漫长的演化，最后形成了我们现在所看到的八大行星。

星云学说对太阳系起源的解说，合理地解释了太阳系奇特规则的形成原因。

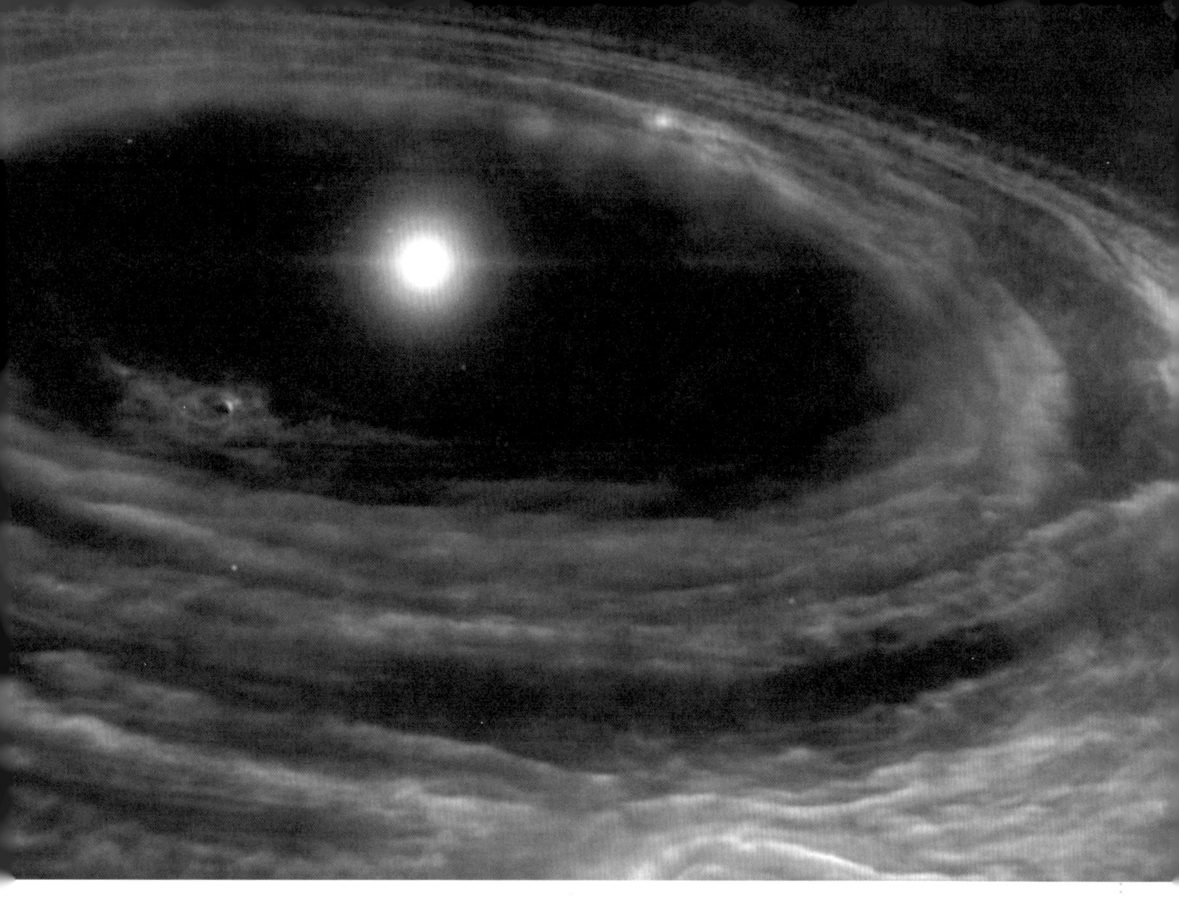

图 1-10　原恒星阶段的太阳及太阳系

目前，不同学派对现代星云学说有各自的解读，都有待进一步的研究和证实。

五、太阳系的疆界

太阳系的 8 颗行星中，距离太阳最远的就是海王星。科学家们最初以为，在海王星外面的冥王星大概就是太阳系的边界了（如图 1-11）。而从太阳开始到冥王星轨道，半径约为 60 亿千米，所以太阳系的直径应该是 120 亿千米。

科学家们随后又发现，冥王星处在柯伊伯带当中，于是就把柯伊伯带当作是太阳系的边缘（如图 1-12）。柯伊伯带远离太阳，温度极低，由众多冰雪和岩石所构成的小星体所组成。而部分与柯伊伯带重叠的离散盘，则是零星散布在太阳系最远区域内的小行星们（主要由冰所组成），范围更为广阔。由此可知，太阳系的直径远远大于 120 亿千米。

但是，随着更多的深入观察和探索，科学家们又有了新的发现，那就是在更遥远的外太空，还有一个环太阳系的奥尔特云。奥尔特云就像太阳系的

保护屏障一样，围绕在太阳系的最外围。这里是太阳引力作用的边界，也是太阳风的影响极限。到了这里，才真正到达太阳系的边缘，也就是太阳系的疆界。于是，太阳系的直径扩大到 20 万亿千米。

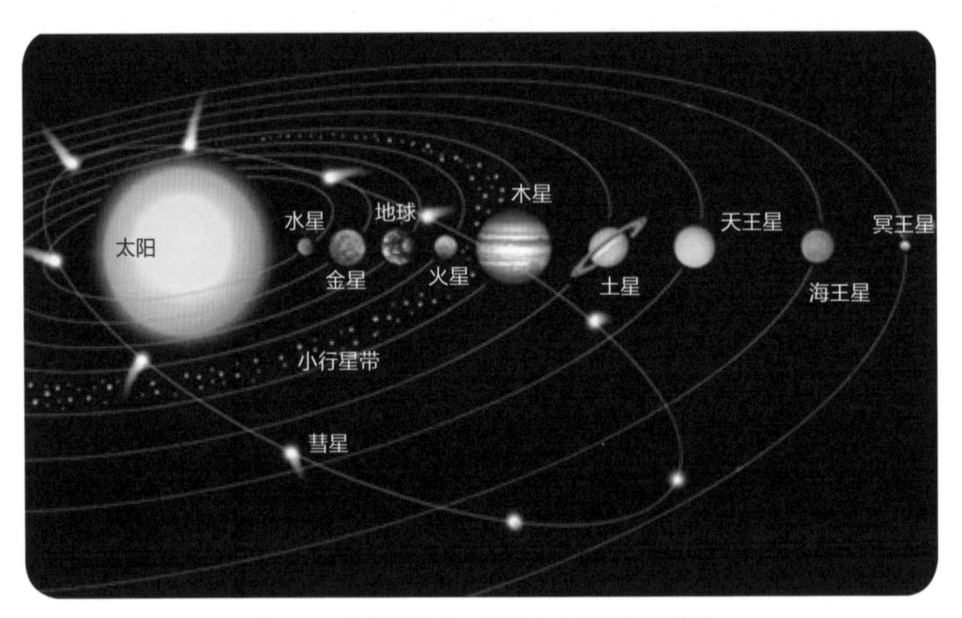

图 1-11　早期认为冥王星就在太阳系的最外边

图 1-12　柯伊伯带的位置

据记载，人类于 1972 年 3 月 2 日向外太空发射了“先驱者”10号，之后又先后发射了“先驱者”11 号、“旅行者”1 号、“旅行者”2 号、“新视野”号。这 5 个探测器都携带着人类文明信息，向宇宙深处进发，目标是完成对太阳系内一系列天体的探测，同时将人类文明送出太阳系。只是时间已经过去近 50 年了，至今还没有一个探测器真正脱离太阳的引力范围。也就是说，目前仍没有探测器飞出太阳系，最远的“旅行者”1 号虽已飞越了柯伊伯带，此刻离地球的距离估计为 110 亿千米左右，还在奥尔特云的包围中。由此可见，太阳系的疆界之大，超乎你我的想象。

光辉璀璨的太阳

太阳位于太阳系的中心，是一颗发光的恒星，也是一个炽热的气体球。发光的太阳光芒万丈、璀璨夺目(如图 2-1)。

图 2-1　光芒万丈的太阳

太阳具有巨大的质量，约为地球的 33 万倍。这使太阳具有巨大的引力，吸引着周围的天体围绕自己运行，也使得太阳系成为一个运动的天体系统。

太阳还具有巨大的体积，是一个巨大的球体，体积约是地球的 130 万倍。这使太阳在太阳系中显得伟大而独特!

一、太阳的结构

从外观上看，太阳如同一个巨大的火球。科学家们为了方便研究，将太阳大致分为内部三层结构和外部大气结构（如图 2-2）。内部三层结构包括核心区、辐射区和对流区；外部大气结构包括光球层、色球层和日冕层。

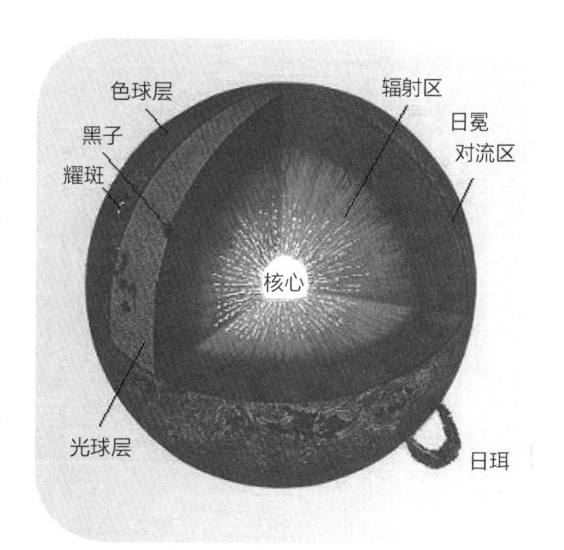

图 2-2　太阳的结构

（一）太阳的内部结构

从图 2-2 可见，太阳的内部包括如下 3 部分：

（1）核心区。这部分很小，只占 0.25 半径以内的区域。太阳具有巨大的质量，因而产生巨大的重力挤压，使核心区的压力和温度变得极高，形成了可以发生核聚变反应的环境。可见太阳的核心区是发生核聚变反应的区域，也是太阳发光的根源。

（2）辐射区。这部分位于核心以外，从 0.25 半径至 0.86 半径之间的区域，约占太阳体积的一半。太阳核心区产生的能量通过辐射区向外辐射、传输。

（3）对流区。这部分位于辐射区以外。由于内外温度差异巨大，太阳大气产生对流，使内部的热量以对流的形式通过对流区向太阳表面传输。此外，对流区的太阳大气湍流还会产生低频声波扰动，这种声波将机械能传输到太阳外层大气，从而产生加热等作用。

（二）太阳的大气结构

太阳外部的大气结构包括以下 3 部分：

（1）光球层。光球层由分布在对流区上面的太阳大气所构成，也称为太阳光球。太阳光球厚度约 500 千米，是一层不透明的气体薄层。它确定了太阳清晰的边界。我们肉眼看到耀眼的太阳，就是太阳光球层发出的强烈的可见光。我们接收到的太阳能量基本上是从光球层发出的。如果我们进行一系列的白光观测，就是观测光球层的活动，得到的太阳光谱就是光球层的光谱。

人们经常听说的太阳黑子（如图 2-3），就分布在光球层。黑子是明显的太阳活动区，消长周期约为 11 年。黑子一般呈漩涡状，常常成对或成群出现，大小不一，长度大的可达 20 万千米，小的只有 1 000 千米。

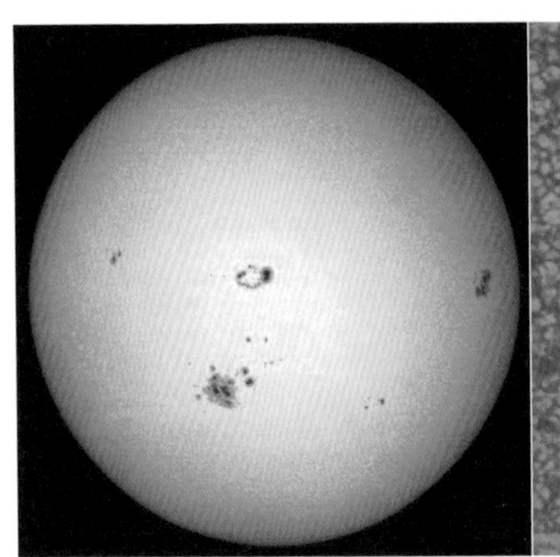

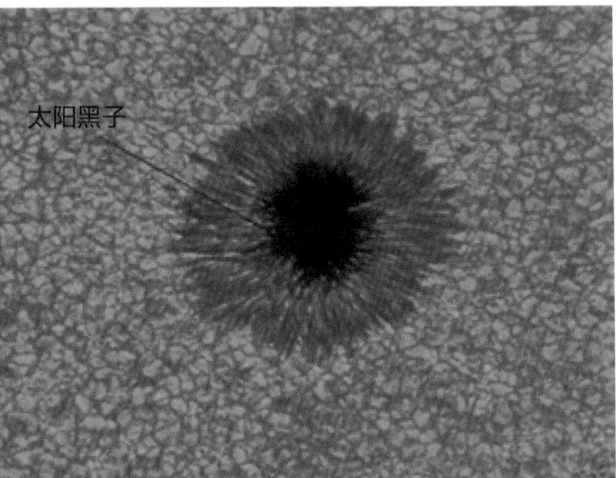

图 2-3　太阳黑子

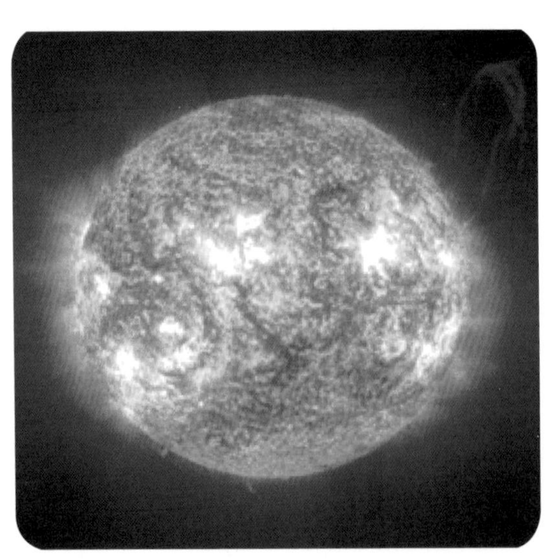

图 2-4　太阳色球层（可见到耀斑和日珥）

（2）色球层。色球位于光球层之上，厚度约 2 000 千米。由于色球层发出的可见光量少，不及光球层的 1%，因此人们看不见，但可以用色球仪观测到。当发生日全食时，耀眼的光球被月球完全遮盖，日轮边缘上呈现出犬齿状玫瑰色的发光圈层，就是色球层（如图 2-4）。

色球层有日珥（如图 2-4）。日珥就是色球层上部许多火舌状的物质，也称为针状体。日珥出现时间为 5~10 分钟，喷发高度一般为 3 000~4 000 千米，有时达 1 万多千米。

色球层最引人注目的是耀斑。耀斑表现为明亮的斑块，是色球层突然爆发产生的。科学家们发现，绝大多数的耀斑出现在黑子群的周围，当黑子增多时，很容易触发耀斑的产生。

（3）日冕层。日冕层在色球层之外，是太阳大气的最外层。日冕的亮度微弱，只相当于满月的亮度。因此，平时观测需要使用日冕仪，但在发生日全食时，则可窥见其光彩。原来，日全食时日轮周围出现的乳白色光辉环状物，就是日冕（如图 2-5）。日冕的温度极高，达百万度，其大小和形状与太阳活动有关。在太阳活动猛烈的年份，日冕接近圆形；但当太阳活动宁静时则呈椭圆形。

图 2-5 日全食时可观察到日冕

在日冕仪拍摄的太阳图像中，可见到日冕中有大片形状不断变化的暗区，就是冕洞。科学家认为，冕洞的能源是产生和加速太阳风的源泉，是太阳磁场开放的区域。在那里，大量的带电质点在日冕作用下，挣脱太阳引力的约束，沿着太阳的磁力线向外运动，形成太阳风。携带高能粒子流的太阳风，一路浩浩荡荡，吹向周围的行星及其他天体，一直达到海王星以外，充满整个太阳系的广阔空间。

二、太阳的光与热

万物生长靠太阳（如图 2-6）。地球上的人们都晓得，太阳带给我们光和热。那么，太阳的光和热又是怎么产生的呢?

图 2-6 万物生长靠太阳

我们知道，氢是宇宙中含量最多的物质，氢原子是结构最为简单的一种原子，原子核中只有 1 个质子。在高温、高压条件下，氢原子会发生核聚变反应（也称“热核反应”），由 4 个氢原子核合成为 1 个氦原子核。在这个反应中，有一部分质量转化为能量，放出大量的热量。这种核聚变反应过程产生的能量非常惊人。人们提到的氢弹是一种令人闻风丧胆的核武器，采用的就是相同的核聚变反应过程。

太阳是一个由极热的氢原子和氦原子所组成的球体。其中，氢是太阳的主要组成物质，占总质量的 70% 以上。太阳具有巨大的质量和体积，在自身的强大引力和重力作用下，核心区处于高密度、高温和高压的状态，不断地发生核聚变反应，释放出巨大的能量，并以电磁波的方式向周围输送。这种由太阳释放出来的热能称为太阳辐射。正因为太阳核心区不断发生“氢弹爆炸”过程，所以能源源不断地产生太阳辐射，发出光和热。

著名的物理学家爱因斯坦在狭义相对论中指出，原子的质量和能量可以互相转化，这就很好地解释了太阳的核聚变生热现象。科学家们通过计算得出，1 克氢核聚变为氦核时，产生的热能相当于燃烧 2 700 吨标准煤放出的热量。由此可见，太阳释放的能量是何等的巨大！

太阳光球层的平均温度约为 6 000℃，发出强烈的可见光。从光球层向里，温度逐渐增加，中心温度高达 1.5×10^{6}℃。从光球层向外，大气层的温度又逐渐变为百万度。

因此，太阳是太阳系光热的主要源泉，也是地球能量的主要供应者。太阳的总辐射能是巨大的，但地球获得的太阳能只是其很小部分，仅相当于太阳辐射总能量的 22 亿分之一。而这小部分的太阳能，已经足够满足地球上的万物生长之所需，实在太令人惊讶！

三、太阳活动

太阳看起来很平静，实际上无时无刻不在活动着。太阳活动指的是在有限时间间隔内，发生在太阳大气层局部区域的各种现象，包括太阳黑子、光斑、谱斑、耀斑、日珥、日冕瞬变等。其中，太阳黑子是太阳活动的明显标志，耀斑则是太阳活动最急剧猛烈的形式。

图 2-7　太阳活动影响地球

太阳活动有强弱变化，平均以 11 年为周期。强烈活动期，黑子、耀斑等异常活跃。此时的太阳称为“扰动太阳”，以电磁波和高能粒子流的形式，向外发射着巨大的能量和物质，往往引发地球上的电离层扰动、极光，以及磁扰或磁暴等现象（如图 2-7）。

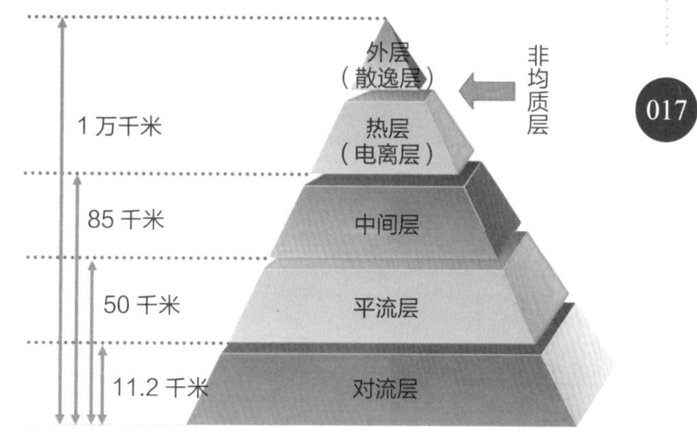

图 2-8　电离层所在的热层在地球大气垂直分层中的位置

（一）电离层扰动

地球是具有磁场的星体，而且还具有厚厚的大气层。从地面到空中，地球的大气层可划分出 5 层（如图 2-8）。其中，处于中间层以上、散逸层以下的高层大气，距离地面高度为 80~800 千米，空气稀薄，因吸收太阳紫外光而升温，故称为热层或暖层。同时，这里的气体因处于高度电离状态，故又称为电离层。电离层可以反射无线电波，因而被人类利用进行远距离的无线电通信。

电离层扰动指的是电离层结构偏离其常规形态的急剧变化。当太阳活动增强时，会激发大气分子进一步电离，造成离子浓度增高和吸收电波增强。尤其当太阳耀斑爆发后，会引起

地球向阳半球面的短波信号衰减或中断，时间可达几秒或几分钟，特别情况下可达半小时甚至 1 小时以上。

太阳风的增强还会严重干扰地球上无线电通信及航天设备的正常工作，使卫星上的精密电子仪器受损，地面通信网络、电力控制网络发生混乱，甚至可能对航天飞机和空间站宇航员的生命构成威胁。因此，监测太阳活动和太阳风的强度，适时做出预报显得越发重要。

（二）极光

极光是太阳发出的高能带电粒子流（太阳风）靠近地球时，被地球磁场导引带进地球两极的大气层，与高层大气（热层）中的原子碰撞造成的发光现象。极光于夜间出现，光辉灿烂，绚丽梦幻（如图 2-9）。极光常见于靠近两极的上空，在南极被称为南极光，在北极被称为北极光。极光现象并不是地球所独有的，太阳系其他具有磁场和大气的行星上都能见到美丽壮观的极光。

图 2-9　北极地区出现的绚丽极光

（三）磁扰或磁暴

磁扰指的是太阳活动引起的地球磁场不规则变化现象。磁暴是十分强烈的磁扰现象，表示地球磁场受到了强烈的扰动。当地球上发生磁暴时，磁针失灵，不能正确指明方向，影响野外工作，尤其是磁力探矿；导航系统不能正常运作。磁暴还会导致空间电场的变化，产生异常电压。这种异常电压在长距离的导电管网上可达上万伏特，导致电力系统、石油管道等受到极大影响，甚至导致电网瘫痪，引发世界性灾难。如 1989 年 3 月发生的一次磁暴，导致加拿大魁北克省停电 9 小时。另外，磁暴还可能引起电离层扰动甚至电离层暴，进而影响到依赖于无线电波的大部分技术系统。

科学家们认为，能够产生高速太阳风并引发强烈磁暴的原因有两类，一类是太阳日冕物质抛射，另一类是太阳冕洞(如图 2-10)。

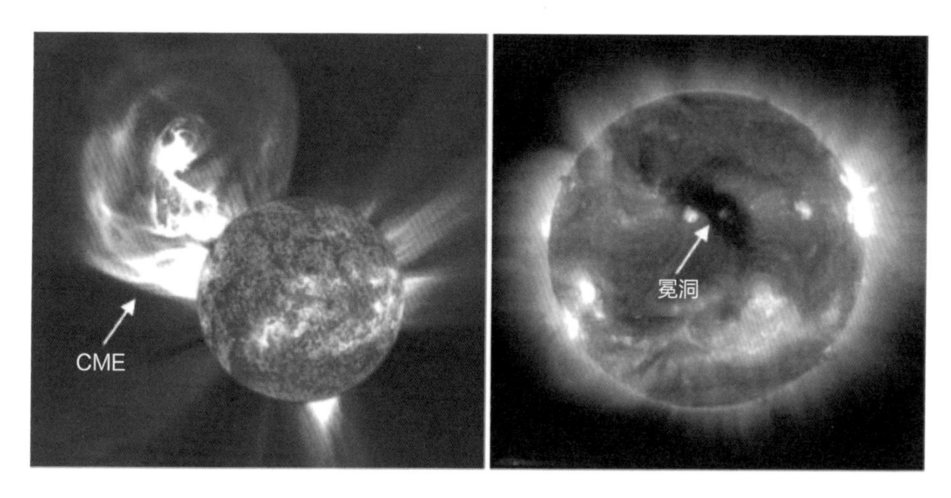

图 2-10　太阳日冕物质抛射（CME）与冕洞

四、太阳的演化

太阳大约形成于 46 亿年前。科学家们分析认为，太阳的质量和光度都属于中等，属于黄矮星；太阳寿命大约为 100 亿年。

也就是说，我们的太阳经历了漫长时间的演化，目前大约 46 亿岁，已经到了中年期，正充满着活力。太阳核心区不断发生氢核聚变。

如同生命都要经历生老病死，此刻光辉的太阳也会有同样的演化命运。太阳诞生时，里面充斥着满满的氢。在日复一日的核聚变中，这些氢会越来

越少，氦会越来越多，最后将走向另一个阶段。50 亿 ~60 亿年后，太阳中央的氢核将近乎完全变成氦核，氢聚变反应开始向外层迁移。

这期间太阳核心区的物质将聚集得更加紧密，在巨大的压力和高温下，将发生氦聚变反应，产生碳和氧。这时的太阳将成为一颗红巨星（如图 2-11 左），它的外侧将逐渐膨胀冷却，膨胀到地球或火星目前的运行轨道处，吞噬掉水星和金星，甚至地球。红巨星阶段将持续数亿年，其间太阳的亮度将达到如今的 2 000 倍，木星和土星周围的温度也将升高，木星的冰卫星木卫二，还有壮观的土星环等都将被蒸发得无影无踪。

当氦聚变不断进行，直至氦被用完时，太阳内部将继续收缩，体积将越变越小。最后，裸露的太阳将如同一颗核球，慢慢地冷却并变成一颗致密的白矮星（如图 2-11 中），最终成为黑矮星（如图 2-11 右），直至生命尽头。

图 2-11　红巨星（左）、白矮星（中）和黑矮星（右）

水星和金星

水星（Mercury）和金星（Venus）都是太阳系的行星，都属于类地行星，且是太阳系中仅有的两个没有天然卫星的行星。它们都比地球小，都更靠近太阳，但各有千秋。

★最靠近太阳的水星★

在太阳系的八大行星中，水星（如图 3-1）是最靠近太阳的行星。水星与太阳的平均距离约为 5 791 万千米，约为日地距离的 0.387 倍。因此，水星是接受太阳辐射最多、最强的行星，在水星上看到的太阳比在地球上看到的将

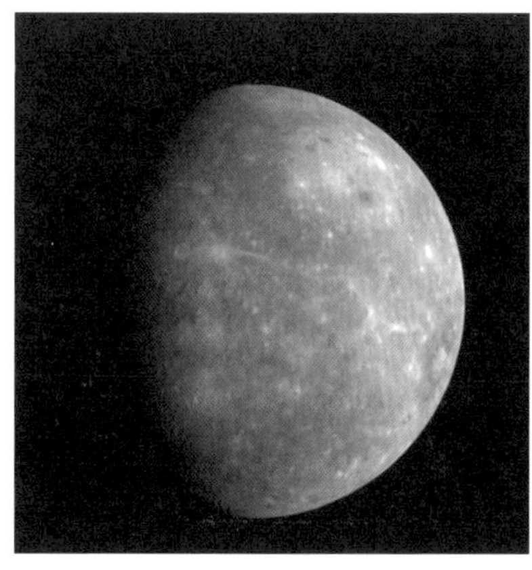

图 3-1　水星的外观

近大3倍（如图3-2），水星上看到的太阳亮度则是地球上的7倍。到目前为止，人类还没有发现比水星更靠近太阳的行星。

在茫茫太空中，水星显得很渺小，但却是一颗独特的行星。

图 3-2　从水星上看太阳

一、太阳系最小的行星

水星很小，它的质量只占地球的5.58%，平均半径只有2 440千米，比地球小得多（见表1-1），是太阳系八大行星中最小的一颗。而且，它比太阳系中的大个子卫星木卫三、土卫六和木卫四都小。

二、水星没有液态水

从水星的名字看，这个星球似乎拥有大量的"水"。实际上，水星与水没有任何关系，它的绝大多数地区很干旱，只在两极地区的陨石坑中长年没有阳光照射的阴暗区域有水冰。

由于距离太阳很近，水星总是被太阳的光辉所淹没，故很难被观测到。在地球上观察，水星的可视状态很差，只有在早晨和黄昏时候才能看得到，而且亮度低，显得黑不溜秋的（图3-1），因此我国古人称之为水星。

三、公转速度最快的行星

水星因距离太阳最近，受到的太阳引力最大，绕太阳运转的速度也最快，绕行一周只需要 88 个地球日。也就是说，水星上的一年约等于 88 天（不到 3 个月）。水星的公转周期是太阳系所有行星中最短的。

据计算，水星的轨道速度为 48 千米 / 秒，比地球的轨道速度快了 18 千米 / 秒。以这么快速度运动的物体，只需要 15 分钟就可以绕行地球一周。

需要指出的是，水星的公转速度很快，但自转速度并不快。水星上的一天约等于 58.65 个地球日，相当于地球上的两个月。所以在水星上，公转快，自转慢，一年只能看到 1~2 次日出和日落。

在西方，水星因其运行速度快而被称为墨丘利（Mercury）。原来在古罗马的神话故事中，墨丘利是快速飞行为众神传递信息的使者。

四、坑坑洼洼的荒凉行星

水星与地球相同，是太阳系四颗类地行星之一。人类虽然从未登陆过水星，但对其表面环境有比较清晰的概念。水星看上去毫无生机，荒凉寂静。

水星的地貌酷似月球，有许多大小不一的环形山，包括高山和平原，以及悬崖峭壁。据观测统计，水星上的环形山有上千个，坡度比月亮上的环形山平缓些。此外，水星表面还有辐射纹、裂谷、

图 3-3　水星表面布满陨石坑

盆地等“地形”。

细致观察显示，水星的“地表”坑坑洼洼，布满了大大小小的陨石坑（如图 3-3），一望无际，层层叠叠。这表明，水星在漫长的演变历程中，受到了无数次的陨石撞击。巨大的撞击常形成盆地，周围由山脉围绕，盆地之外则布满撞击喷出物。此外，还形成了许多褶皱、山脊和裂缝，彼此相互交错。

在水星上众多的陨石坑中，卡洛里斯盆地是太阳系最大的陨石坑。它的面积约为 300 万平方千米，相当于我国陆地面积的 1/3。科学家们认为，这可能是由巨大的彗星或小行星撞击造成的。这次撞击在水星表面引起了灾难性的后果，撞击冲击波沿着地壳扩散，导致球体的另一侧隆起，形成了近 2 千米的高山（如图 3-4）。

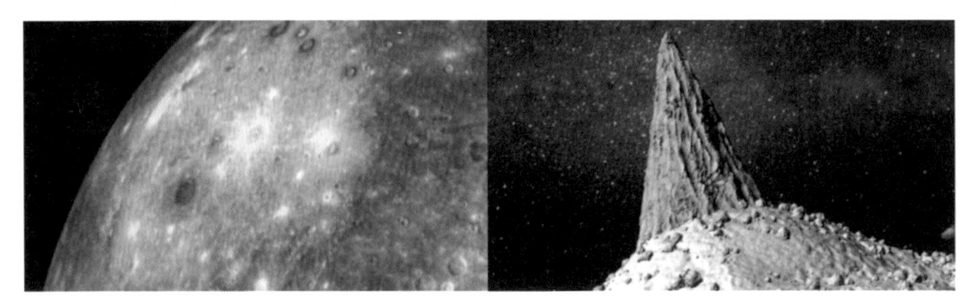

图 3-4　水星上的卡洛里斯盆地（左）和隆起的高山（右）

（色彩是人工修饰的结果，水星在没有太阳光时一片漆黑）

最新的观测显示，水星南北两极的陨石坑中分布有水冰。这些陨石坑因长年得不到太阳光的照射，属于永久阴影区。这里平均气温约为 -170℃，属于极端寒冷的环境。在这种环境中，无论是撞击水星的彗星带来的水，还是水星自身内部逸出的水蒸气，都会凝结成冰。

五、独一无二的夜光秀

水星上有极稀薄的大气，是由太阳风带来的粒子和小天体撞击时溅起的尘埃颗粒所组成，主要成分为氦（42%）、气化钠（42%）和氧（15%）。

科学家们已证实，水星存在着典型的磁场，其形成原因仍不明确。但水星磁场的强度很弱，只有地球磁场强度的 1%，根本不能抵挡太阳风的强力冲击。它与太阳风的相互作用有时会产生强烈的磁性龙卷风，从而将快速高温的太阳风带电粒子集中到行星表面，产生撞击和激发，使表面物质升上天空，进入水星大气层，其中包括大量的钠原子。太阳风的狂暴及其对水星稀薄大气的激烈作用，使大量的钠原子喷涌而出并释放出黄色光芒。这在夜晚的水星上空造就了太阳系独一无二的美丽光秀(如图3-5)。

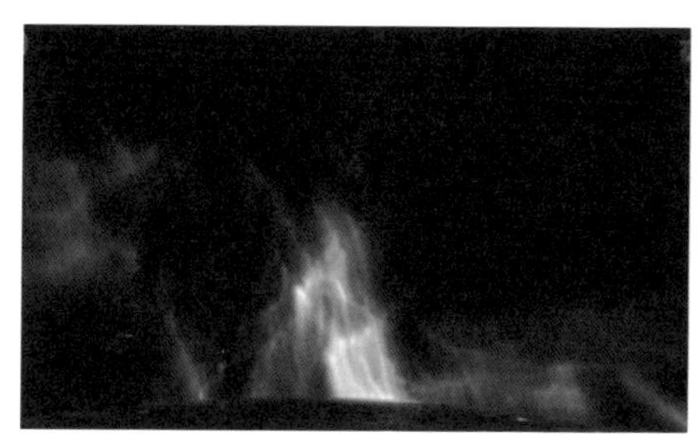
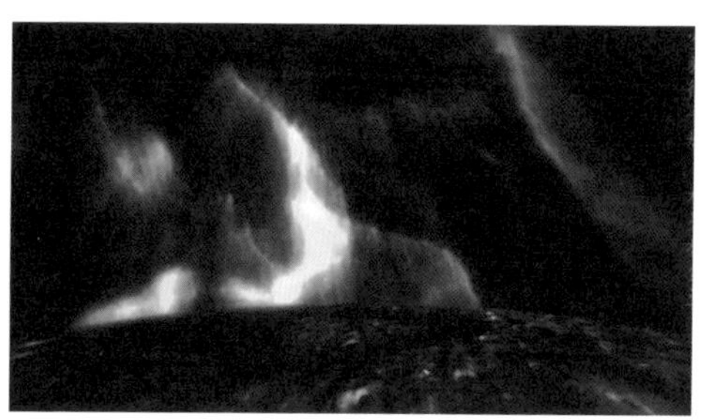

图3-5 水星夜晚的美丽光秀

六、表面温差最大

稀薄的大气层，使水星缺乏大气的调节作用。因为靠近太阳，水星向着太阳的一面所接受的太阳辐射极为强烈，最高温度可达430℃，但背阳面温度可降至-160℃。因此，水星表面的昼夜温差可达600℃，是太阳系中表面温差最大的行星。水星的昼夜分割线附近就是一个处于火和冰之间的世界，简直就是冰火两重天。

七、巨大的铁质内核

水星外表如月球，内部结构却与地球很相似，也分为壳、幔、核三层(如图3-6)。与地球相比，水星的体积小很多，但密度却相差不大。水星的密度是5.43克/厘米^3，在太阳系中排第二位，仅次于地球(见表1-1)。

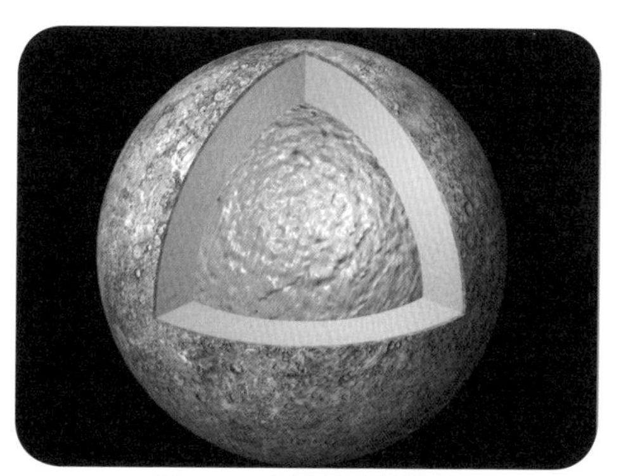

图3-6 水星的内部结构

据科学家们分析，水星如此小，它的高密度不会是因强力挤压产生的，因此认为水星内部肯定有很大的内核。借助"信使"号探测器传回的数据，有科学家测算出水星的内核是一个铁质的球体，约占总质量的60%。

这么小的行星怎么有这么大的内核？合理的推测是水星原本的质量远大于现今我们所看到的，因而拥有巨大的铁质内核。在太阳系漫长的演变过程

中，水星曾遭到无数次剧烈的撞击，导致大部分物质流失，现在的水星应该是原水星的“残骸”。

八、水星凌日

当水星运行到太阳和地球之间时，我们可观察到太阳圆面上有一个黑色小圆点缓缓穿过，这个黑色小圆点就是水星，这种现象称为水星凌日（如图 3-7）。

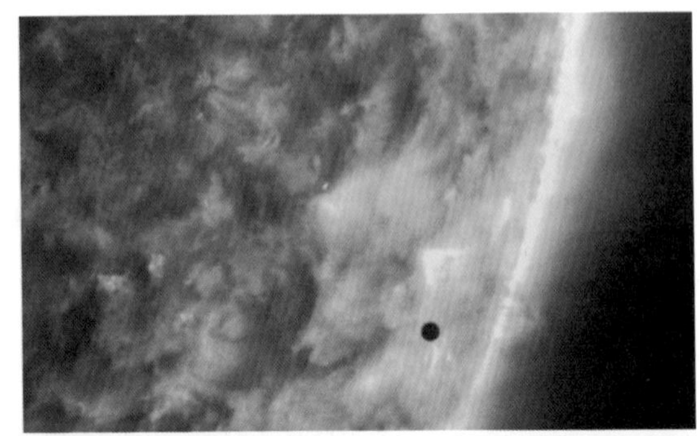

图 3-7　水星凌日（图中的黑色小圆点就是水星）

发生水星凌日的原理与日食极为相似，即太阳、水星、地球恰好成一直线，水星在日前经过。由于水星与地球的距离比月地距离远，能挡住太阳的面积太小，根本不可能减弱太阳的亮度。而且，太阳太亮，水星太小，眼睛难以分辨。所以，凭肉眼是不可能观察到水星凌日现象的，只能通过望远镜进行投影观测。

据科学家们计算，水星凌日每 100 年平均发生 13.4 次，发生时间一般是 5 月或 11 月。对于人类短暂的生命来说，水星凌日算是比较罕见的天文现象。

进入 21 世纪，科学家们预测将发生 14 次水星凌日现象。只是在西半球观察到的次数较多，在我国则只有几次而已。截至目前，这一天文奇观已经发生了 4 次，时间分别是在 2003 年 5 月 7 日、2006 年 11 月 9 日、2016 年 5 月 9 日和 2019 年 11 月 11 日。预计下一次在我国能观测到的时间是 2032 年 11 月 13 日。

★明亮的金星★

金星是一颗明亮的行星，我国古人称之为太白或太白金星。它有时于黎明前出现在天空东侧，为“启明”星；有时于黄昏后出现在天空西侧，为“长庚”星。在西方，古罗马人因它的亮丽而称之为维纳斯（Venus）。维纳斯是罗马神话中爱与美的女神。

实质上，金星是太阳系由里到外的第二颗行星，也是地球的邻居。在地球上的夜空中，金星是除月球之外最明亮的星，犹如一颗耀眼的钻石（如图 3-8）。

图 3-8 金星

九、亮白迷人的美丽行星

金星看上去亮白、迷人，终日云雾缭绕，仿佛笼罩着一层厚厚的神秘面纱。这是因为，金星的大气密度很高，约为地球大气的 100 倍。金星的大气组成物质主要为二氧化碳，约占 96%；其次是氮，约占 3%；其他的主要就是硫酸。金星的大气中有一浓密云层，始于距金星表面约 60 千米高处（相当于地球对流层高度的 5 倍），把整个大气层分割为上下两层。浓密云层主要由浓硫酸液滴和二氧化硫所组成，中间掺杂着硫粒子。云层对太阳光的反照率高达 70%，这使金星表现出亮丽的金黄色。地球上的人们看金星，又白又亮，光辉美丽（如图 3-9）。

图 3-9 亮白美丽的金星

金星被誉为地球的姐妹星（如图 3-10），与地球有许多相似之处。太阳系刚形成时，金星与地球如同一对新生的双胞胎。金星的半径约为 6 073 千米，比地球的半径小 305 千米；它的体积是地球的 0.88 倍，质量是地球的 4/5，密度略小于地球（见表 1-1）。而且，它与地球一样，是一个有大气层的固体星球。

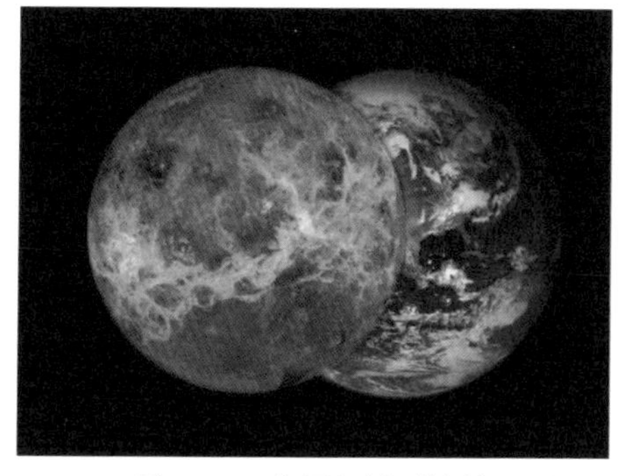

图 3-10 金星与地球比较

但是，金星的环境与地球大相径庭。首先，金星的轨道更接近太阳。

在金星上看太阳，为在地球上看到的约 1.4 倍（视角）。更为重要的，金星上没有液态水；金星的磁场很弱，强度只是地球磁场强度的十万分之一。这让金星遭到了强烈太阳风的肆意侵犯，原有的水分不断地蒸发和分解。因此，金星大气中没有水分，也没有氧气，只有二氧化碳、氮和硫酸。

十、强烈的温室效应

组成金星大气的二氧化碳和硫酸浓雾等属于温室气体，能使部分太阳光通过，却不能让“地面”热量透过并散发到太空，这导致了金星上强烈的温室效应。浓厚的金星云层还导致金星“地表”的大气压力很高，约为地球上的 90 倍，相当于地球海洋约 1000 米深处所承受的压力。因此，金星上的白昼朦胧不清，没有人们所熟悉的蓝天白云，只有红色或橙黄色的天空（如图 3-11）。而且，金星上的大气对流很弱，云层顶端虽有强风，但“地表”风速却很小。

温室效应使金星炽热、高温，使金星“地表”温度高达 465~485℃，且温度基本上没有地区、季节、昼夜的差别。2006 年，“金星快车”探测器通过红外热辐射设备探测到金星“地表”的真实温度，山峰上平均温度为 447℃，低地和盆地的则高达 477℃。人类发射到金星的一系列探测器，下降装置因金星的高压酷热而只能勉强支撑几小时。根据探测器传回的数据，金星是一个难以想象的高温、高压的世界，仿佛就是太阳系的地狱。科学家们很难把探测仪器安全发送到金星表面，因为所有的电子设备、动力和通信器材都必须非常结实，否则很容易熔化和损坏。

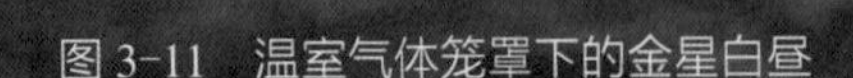

图 3-11　温室气体笼罩下的金星白昼

十一、干旱坚固的“地表”

由于受到厚实大气层的保护，金星的“地势”相对比较平坦(如图 3-12)，不像水星那样坑坑洼洼。总体上，金星“地表”由起伏不大的平原(约占 70%)、低洼地(约占 20%)、高地(占 10% 左右)所组成。平原上有两个首要的大陆状高地，北边是伊师塔地(Ishtar Terra)，相当于我国陆地面积的 2/3，具有金星上最高的麦克斯韦山脉；南半球有阿芙罗狄蒂地(Aphrodite Terra)，面积与南美洲相似。这些高地之间有许多宽广的低地。金星上的最高峰海拔约为 10 590 米，比地球上的珠穆朗玛峰还高；最大的峡谷长达 1 200 千米，由南向北延伸穿过金星赤道。

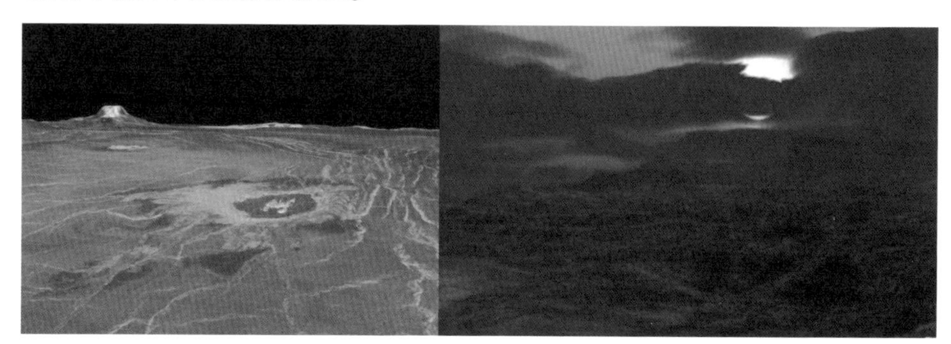

图 3-12　金星“地表”

金星大约有 90% 的“地表”是由固化的玄武岩熔岩构成的，其他还包括少量的陨石坑。金星上的陨石坑大约只有 1 000 个。环形山通常都呈一串串的成群分布，可能是由于撞击金星的小星体们在到达金星“地表”前，因穿越巨厚大气层发生了摩擦、发热并碎裂所致。

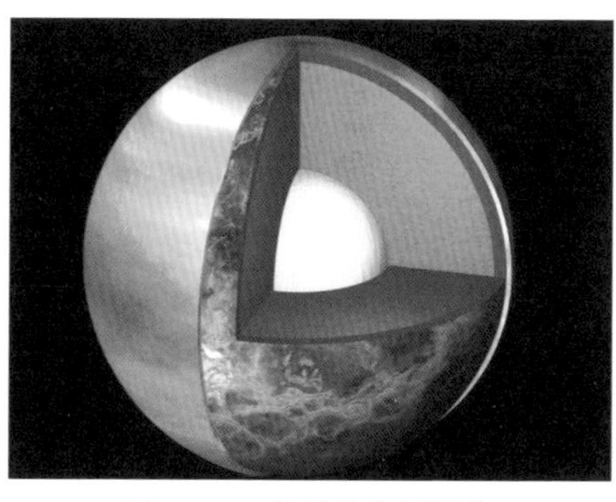

图 3-13　金星的内部结构

科学家们认为，金星的内部结构(如图 3-13)可能与地球相似，包括一个半径约 3 100 千米的铁 - 镍内核，中间是由硅、氧、铁、镁等的化合物组成的“幔”，外面一层是由硅酸盐组成的“壳”。数据表明，金星“地表”非常干旱，没有植被，岩石比地球上的更坚固，构成更为陡峭的山脉、悬崖峭壁等地貌类型。

十二、火山熔岩密布

通过探测器，人们终于看到了金星的真实容颜。金星是太阳系中火山分布数量最多的行星，它的“地表”上密布着大大小小的火山。其中，巨型火山 1 600 多座，包括金星上最大的玛亚特火山，它比周围地区高出 9 千米，宽达 200 千米。此外，还有零星分布的小型火山多达 10 多万座，数不胜数。而且，在几个集中的热点区域，火山活动至今仍很活跃。火山爆发产生的熔岩流形成了长长的沟渠，最长的达到 7 000 千米以上。金星“地表”的大部分地区都覆盖着凝结的火山熔岩，比例高达 85% 左右。

图 3-14　地球上夏威夷岛上的盾形火山

火山活动除了产生大面积的熔岩，还释放出大量二氧化碳等温室气体。很显然，金星的火山活动进一步加剧了温室效应，使整个星球饱受火焰与熔岩、酷热与高压的折磨，成为炼狱一般的世界。

金星上的火山与地球上夏威夷的盾形火山非常相似（如图 3-14），蔚为壮观，令人惊叹。这也成为人们向往的太阳系旅行观光内容之一。

十三、逆向自转的行星

我们知道，太阳系多数行星的自转方向都是自西向东，只有金星和天王星是逆向自转的。也就是说，金星是自东向西进行自转的，与其他行星的相反。这使金星显得很特别，我们在金星上可以看到太阳早晨从西边升起，傍晚从东边落下。这种逆向自转现象有可能是很久以前其他小星体撞击金星后所导致的，但这还没有充足的证据，有待探索和研究。

在运动快慢方面，金星的自转周期约为 243 个地球日（金星的 1 天），同时它围绕太阳公转一周的时间约为 225 个地球日（金星的 1 年）。可见金星的公转周期比地球的短，但自转速度极其缓慢，这使金星成为太阳系自转速度最慢的行星。将金星上 1 天的时间与金星上 1 年的时间比较，马上可得出结论：金星上的 1 天比金星 1 年还要长。

十四、金星凌日

金星比地球更靠近太阳，在绕日公转的过程中会处在太阳与地球之间。当金星的运行位置与太阳和地球成一直线时，地球上的人们可以看到太阳表面有一个小黑点慢慢穿过，这就是金星凌日（如图3-15）。由此可见，金星凌日的发生原理与水星凌日相同。

图3-15　金星凌日

公元17世纪，著名的英国天文学家哈雷先生曾向科学界建议，当发生金星凌日时，应在地球上两个不同的地点同时测定金星穿越太阳表面所需的时间，据此计算太阳的视差，进而可得出准确的日地距离。哈雷的建议受到了当时众多科学家的热烈响应。1761年，俄罗斯天文学家罗蒙诺索夫观测了金星凌日，同时发现了金星大气。19世纪，天文学家通过观测金星凌日，取得了大量数据，成功地计算出日地距离为1.496亿千米（称为一个天文单位）。

金星凌日的发生时间以两次为一组，组内两次之间的间隔为8年；而组与组之间的间隔需要等待100多年。例如，21世纪的两次金星凌日发生在2004年6月8日和2012年6月6日，下一次的发生时间将是22世纪的2117年。

由此可见，金星凌日是很稀罕的天文现象，需要相隔百年才有机会看到，很多人一生无缘欣赏。据报道，2012年6月6日上午06:11:41，21世纪

第二次“金星凌日”在广州的天幕上演。只见形似小黑痣的金星缓慢地划过太阳的脸颊（如图3-16），历时6个多小时，广大天文爱好者大饱眼福。

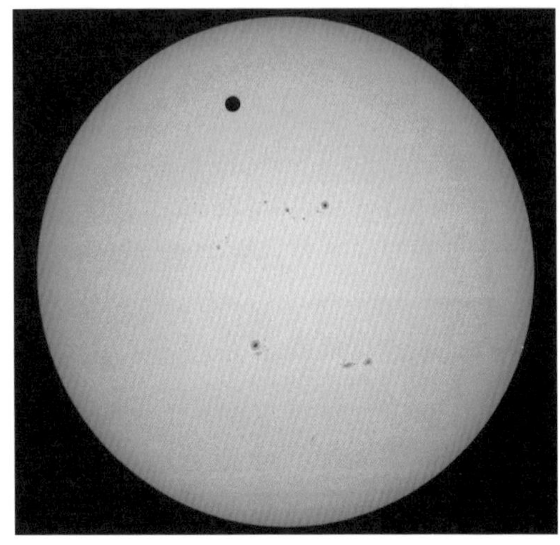

图3-16　在太阳前面经过的金星就像一颗小黑痣

十五、南极双旋涡风暴

我们知道，金星的大气层浓密而厚实。强烈温室效应下的金星，“地表”大气运动并不强烈。但是，探测器发现了金星极地出现的风暴现象。

2006年，欧洲航天局的“金星快车”探测器发现了一个气旋环绕在金星南极。而早在1979年，美国的“先锋号”探测器在金星北极也发现一个类似的风暴。科学家们认为，这两个漩涡都是金星大气层的永久性特征。进一步的观测显示，这两个漩涡大约每隔2.2天不断地分解和复原。

需要特别说明的是，2006年探测器观察到的金星南极风暴，是一个奇异的大气旋形成的双旋涡风暴。只见云层快速翻腾，直径为1~2千米，规模并不大，看起来像“8”字形（如图3-17）。从理论上，这种具“双眼”结构的风暴只有在风力达到超级飓风级别时才能形成。金星上的风以每小时数百千

图3-17　金星南极的双旋涡风暴

米的速度向西旋转，大气上层的风速较高，只需 4 天就能绕金星一周。但为何是双旋涡，而且出现在金星南极？科学家们还在探索中。

至此，我们了解了水星和金星各自的特色。它们都处在靠近太阳的太阳系内层空间，都具有固体表面，有相似的结构，自转速度都较慢，都有凌日现象等。并且，水星是太阳系中最小但绕太阳运行最快的行星，而金星则是天空中最亮的明星。人类对这两个星球的了解暂时还很有限，有待后续不断的探索。

Part 4

地球和火星

地球和火星也都是太阳系的行星，也都属于类地行星，且都是太阳系中有少数天然卫星的固体行星。它们都处在离太阳不太远又不太近的区域，且各具特色。

★蓝色星球——地球★

地球（Earth）是太阳系的八大行星之一，也是人类与众多生物所居住的行星。在繁星璀璨的茫茫宇宙中，地球是一颗美丽的星球，散发着独特的蓝色光芒（如图 4-1）。

图 4-1　地球是一颗美丽的蓝色星球

太阳系的行星从内到外，地球排在第三位（如图 4-2）。它位于金星与火星之间，距离太阳约 1.5 亿千米。

图 4-2　地球在太阳系中的位置

地球只是浩瀚宇宙中的一颗行星，似乎没有特别的地位。但是，由于人类和生物就居住在地球上，地球成了得天独厚的生命家园，因此具有无与伦比的地位与作用。地球的独特性体现在以下各个方面。

一、最大的类地行星

在太阳系的四颗类地行星中，以地球为最大。这主要表现在，地球具有最大直径、最大质量和最大密度（见表 1-1），是当之无愧的最大类地行星。这也使得地球具有强大的地心引力，能吸引住周围的气体，保持着一个具有一定质量和厚度的大气圈。

二、特别的大气层

地球具有圈层结构（如图 4-3），外部圈层主要是大气圈、水圈和生物圈，内部圈层包括地壳、地幔和地核。由于大气层的存在，才保住了水圈，形成了生物圈。广阔的地壳面（地表）则为人类和生物活动提供了足够面积的活动场所。

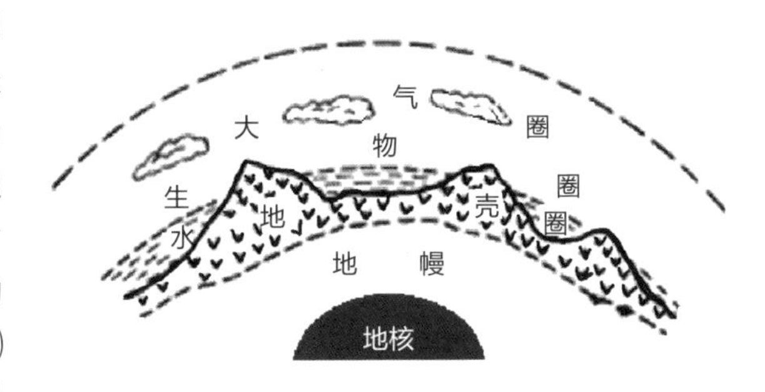

图 4-3　地球的内部和外部圈层结构

地球大气层的状态和变化，时时处处影响着人类。需要特别指出的是，大气层可在一定程度上抵挡来自太空的陨石撞击。当小行星、彗星等星体进入地球，首先必然与大气层发生摩擦、燃烧，到达地面时可能消失了，或者变得很小，对地表不会产生大的破坏。如果地球没有大气层或大气层很薄，太空陨石撞击事件则有可能经常发生，对地球生命的安全威胁很大。因此，大气层的重要性可见一斑。

此外，由于地球大气层的存在，地表的液态水不至于因为受热蒸发消失，而是以气态的形式保留在大气层中，通过地球水循环中的凝结、降水、径流等环节，达到水量分布的平衡（如图 4-4），保证了人类和生物的正常活动需要，使地球上生机盎然，欣欣向荣。

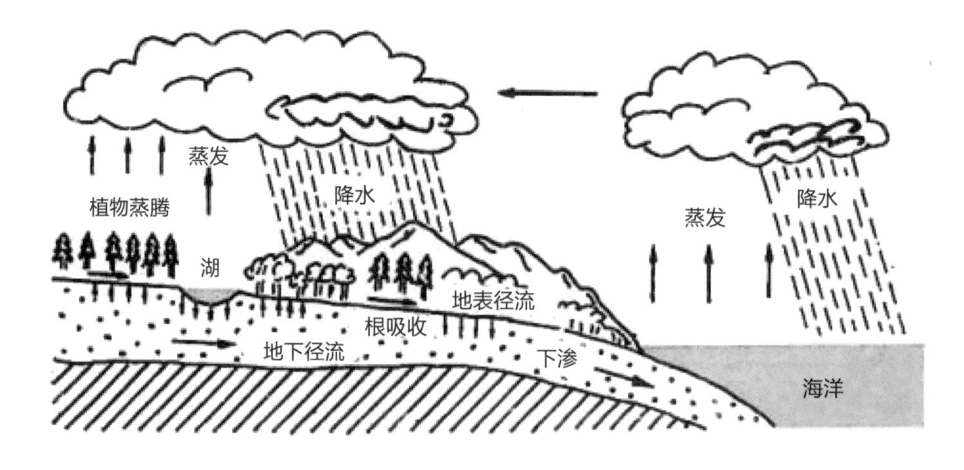

图 4-4　地球水循环

大气圈的平流层中还有一臭氧层（如图 4-5），浓度最大部分位于地球上空 20~25 千米高度处。臭氧层可以吸收掉一部分强烈的紫外线辐射，使地球上的人们不会受到强紫外线的影响，避免因过多紫外线照射而患皮肤癌等疾病。很显然，臭氧层就如同一把保护伞，对人类和生物的生存繁衍具有重要的保护作用。

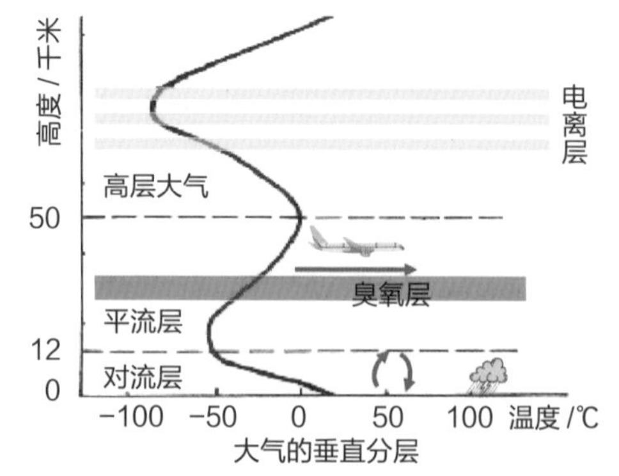

图 4-5　臭氧层所在的平流层在地球大气垂直分层中的位置

三、生命必需的氧气

地球大气是多种物质的混合物，由干空气、水汽、悬浮尘粒或杂质所组成。干空气就是除了水汽、液体和固体杂质之外的整个混合气体，是地球大气的主体。干空气的主要组成成分是氮、氧、氩和二氧化碳，这 4 种气体占了干空气总容积的 99.99%，其他次要成分（包括氢、氖、氪、氙、臭氧等稀有气体）所占比例不到 0.01%。

而在干空气的主要成分中，氮气含量最高，占 78%；氧气次之，占 21%。氧气的存在是地球生命活动的必要条件，也是人类与生物生存发展的必要基础。很显然，地球大气为生命的繁衍提供了理想的环境。

四、生命必需的水

地球的水圈是指分布于地球表面附近，由液态、气体和固态的水形成的一个几乎连续的、不规则的圈层。水的分布范围，上界可达大气圈的对流层顶部，下界可至深层地下水的下限。水的形式包括大气中的水汽、地表水、土壤水、地下水和生物体内的水。水圈中大部分水以液态形式储存于海洋、河流、湖泊、水库、沼泽及土壤中；部分水以固态形式存在于极地和高山的冰川、积雪和冻土中；水汽主要存在于大气中。3 种状态的水常常通过水循环进行热量交换，实现部分的相互转化。

水是一切生命活动的必要条件。水能溶解地壳岩石层中的营养物质，为满足人类和生物的需要提供了物质基础。水分和热量的不同组合使地球表面出现了不同的自然带，形成不同类型的自然景观。水还不断地进行循环作用，同时不断释放或吸收热能，调节气候、净化大气，不断地塑造着地表的形态。

五、保护生命的地球磁场

地球磁场是地球周围空间分布的磁场。它的磁南极位于地理北极附近，磁北极位于地理南极附近（如图 4-6）。磁力线分布特点：赤道附近的磁力线方向是水平的，两极附近的则与地表垂直。赤道磁场最弱，两极最强。

由 Part 2 的相关内容可知，地球磁场与地球大气圈的电离层一起，保护地球免受太阳风和宇宙射线等的侵扰，对地球上的人类和生物的生命活动起到了重要的保护作用。

六、适宜的地表温度

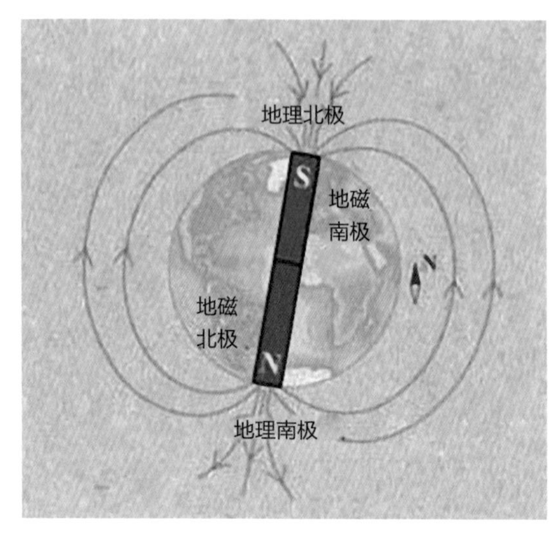

图 4-6　地球磁场

作为太阳系的行星，地球所处的位置决定了地球所受的太阳辐射量的大小。假若太靠近太阳，地表温度必然很高，若远离太阳，地表温度必定太低。温度太高或太低都不适宜生命的生存。我们知道，地球的位置距离太阳不近也不远，具有适宜的地表温度，太难得了！

据多年的统计记录，全球地表因受太阳辐射的影响，平均气温为 14℃左右。但因地理位置、季节和水热等环境条件的不同，各地气温变化很大。最热地区平均气温约为 58℃；最低温是南极大陆，平均气温为 -25℃。

而太阳系其他星球的温度数据如何？以下是其他七大行星的温度变化情况。

水星因距离太阳最近，大气稀薄，自转速度慢，“地表”温度可从炙热到极寒，面向太阳时温度可达 430℃，背向太阳时则可降至 -160℃。

金星因为强烈的温室效应，是太阳系中最炙热的星球，“地表”温度高达 465~485℃，而且基本上没有地区、季节、昼夜的差别。

火星的“地表”平均气温比地球低得多，约为 -60℃；最高温为 20℃，最低温为 -125℃。

木星作为气体行星，没有实体表面，云层顶端温度约为 -147℃。

土星同样是气体行星，上部云层温度约为 -153℃。

天王星是太阳系中最冷的行星，温度为 -224℃。

海王星的上层大气温度是 -218℃。

由此可见，太阳系八大行星的温度变化情况各有不同。上述七大行星的温度数据表明，四颗类木行星都是极寒的气体星球，根本不适宜生命的生存；三颗类地行星则从极寒到极热，温度变化幅度太大，对生命活动极为不利。比较而言，只有地球的温度变化幅度不算太大，可以平稳维持，因而适宜生命的长期生存与繁衍。

七、受木星保护的位置

太阳系除了八大行星之外，还有数不尽的小行星、彗星等小天体。尤其是分布在柯伊伯带的小天体，数量众多，数不胜数。而小星体们会经常脱离自己的运行轨道，因受太阳引力作用而向太阳系内部移动，进而撞击其他星体，尤其是行星。

从太空观看，地球位于太阳系的内部区域，免不了受到外来小星体的撞击。而巨大的木星位于太阳系的中部区域，具有超强大的引力。故此，每当有小星体撞向地球时，木星常常会将它们吸引过去。例如，与木星相撞击的苏梅克－列维九号彗星（Shoemaker-Levy 9，SL9，D/1993 F2），就是被木星强力吸引以致最后粉身碎骨的小星体。这是人们首次直接观测到的太阳系天体撞击事件。这颗彗星于 1994 年 7 月 16 日至 22 日，断裂成 21 个碎块，其中最大的一块宽约 4 千米。它们穿越太空，飞速下降，以大约 21 万千米的时速如连珠炮般撞击木星表面。只见太空中升起了耀眼的火柱，木星表面则留下了很大的伤痕，其大小与地球差不多（如图 4-7）。2009 年夏天，类似事件再次发生，一颗来自太空的小星体撞击木星，造成一个大“伤疤”（如图 4-8），面积相当于地球上的太平洋。接二连三的撞击事件表明，木星扮演着太阳系

图 4-7　发生于 1994 年的苏梅克－列维九号彗星撞击木星

内部的“清道夫”角色，以强大的引力清理着“太空垃圾”。科学家们的研究认为，木星的强大引力可吸掉不少的彗星和小行星，木星发生小星体撞击的概率是地球的 2 000~8 000 倍。

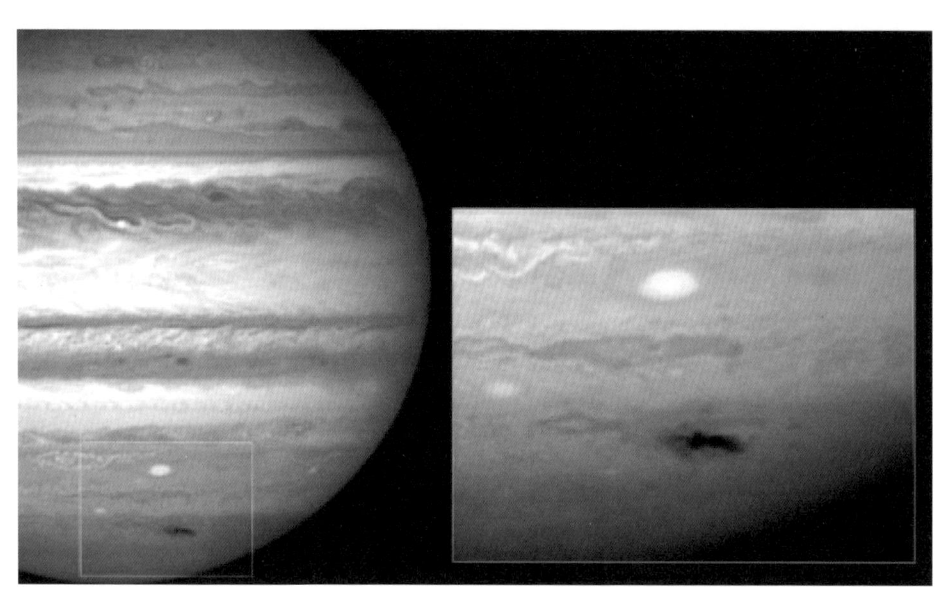

图 4-8　2009 年木星遭到小天体撞击后留下的凹坑

有科学家认为，发生在地球上距今 6 500 万年前的恐龙灭绝事件，就是因为天体撞击造成的，并形成了位于墨西哥境内的希克苏鲁伯陨石坑，说明了如果地球遭到这样的天体撞击，后果将是多么的恐怖！没有木星这部“太空吸尘机”，这些小天体将会撞向各个类地行星，包括地球。如此，地球生物被灭绝的概率也随之增大。如果没有木星，地球可能每 50 年左右就会遭到一次撞击。若是这样，地球上的生物大多数会灭绝。

很显然，木星的巨大引力无形中为地球施加了保护作用。木星的存在大大降低了地球受陨石撞击的概率，这对于地球生命所需要的稳定栖息环境有着极为重要的意义。

由此可见，地球所在的太空位置不仅使地球环境拥有适宜的温度，而且还使地球受到了巨大木星的保护。这个位置何等的宝贵！

八、精彩的地球生命

在广袤无垠的宇宙中，生命的存在是何等奇妙而美丽！生命是地球最宝贵的财富，地球因生命而精彩！

地球生命包括所有的植物、动物和微生物，以及具有道德与意志力，充满管理意识与创新智慧的人类（如图 4-9、图 4-10）。

图 4-9 地球因生命而精彩

图 4-10 生命使地球绚丽多彩，生机勃勃

地球是目前人类所认知的宇宙中，唯一存在生命的星体。生命的诞生是一个奇迹，生命的活动改变着地球环境，尤其是大气圈、水圈和地表环境，生命繁衍生息，使地球多姿多彩。

九、地球的天然卫星

在茫茫的太空中，地球沿着自己的轨道一刻不停地绕着太阳旋转，同时又自西向东自转，周而复始，从不停歇。但地球并不孤独，因为它有一个天然卫星陪伴着，那就是月球。地球与月球组成了一个天体系统，称为地月系统（如图 4-11）。

图 4-11　地球与月球组成的地月系统

由于地月系统的形成，对地球产生了极大的影响，主要表现在地球的潮汐现象。潮起潮落是很有趣的自然现象，生活在海边、港口附近的人们对此深有体会。潮汐作用是地月系统与太阳共同作用的结果（如图 4-12）。在满月和新月时，太阳、地球和月球处于同一直线上，此时地球受到的太阳引力和月球引力正好处于相反或相同方向上，发生高潮；在上弦月或下弦月时，三者不在同一直线上，产生的引力作用最弱，发生低潮。在一个潮汐周期内，三者的相对位置不一样，对潮水位高低的影响不一样。

月球直径达 3 478 千米，是太阳系众多卫星中较大的一颗，排名第五位。它的质量相当于地球的1/81，体积相当于地球的1/49。月球可以反射太阳光，明亮的月光常常照亮夜晚的地球，给人们带来无尽的想象与遐思，激发人们的创作思维与灵感，因而在历世历代留下了至今仍然脍炙人口的诗词歌赋与著作，成为人类宝贵的精神财富。

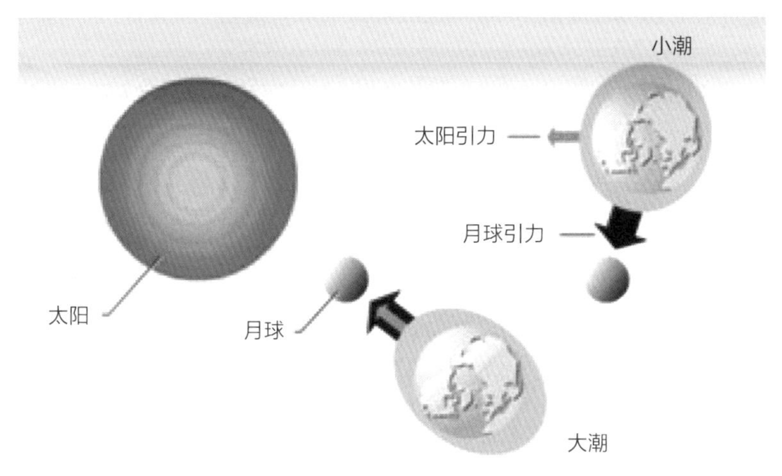

图 4-12　地球上的潮汐现象

★红色星球——火星★

火星（Mars）是地球的邻居，是太阳系由里到外的第四颗行星。从太空观察，火星表现出诱人的锈红色，是一颗红色的固体星球（如图 4-13）。由于锈红色使人自然地想起铁和血，故我国古人称它为火星，西方人则赋予它罗马神话故事中的战神名字“Mars”。

图 4-13　火星是一颗红色的固态星球

仰望夜空，人们很容易看到火星，一颗在夜空中闪耀的红色天体。但人类对它的认识还很有限，感觉它似乎笼罩着一层神秘的面纱。随着探测器的发射与探索，火星的奥秘逐步被人们所揭示。

十、火星与地球最为相似

火星与地球有许多相似之处。第一，两者都是类地行星，位置相邻，都处于离太阳不是很近但又不太远的位置上。但火星明显比地球小，它的直径约为地球的1/2(53%)，质量为地球的14%。第二，两者的自转周期非常相似，火星的一天约24小时39分35秒，比地球上的一天大约长40分钟。但火星距离太阳更远些，公转一周约为687个地球日，是地球公转周期的近两倍。第三，两者都有相似倾角的自转轴，因而都有明显的四季变化，只是火星的季节时长约为地球的两倍。第四，两者都拥有多样的“地形”，包括高山、平原和峡谷等(见图4-14)。火星的北方为地势较低的熔岩平原，南方则是充满陨石坑(如图4-15)的古老高地，南北之间以明显的斜坡分隔，其中穿插分布着火山“地形”；南北极(如图4-16)拥有以干冰(固态的二氧化碳)和水冰组成的极冠，众多的峡谷和风成沙丘广布于各地。

图4-14　火星“地形”与地球极为相似（左图火星荒漠，右图火星峡谷）

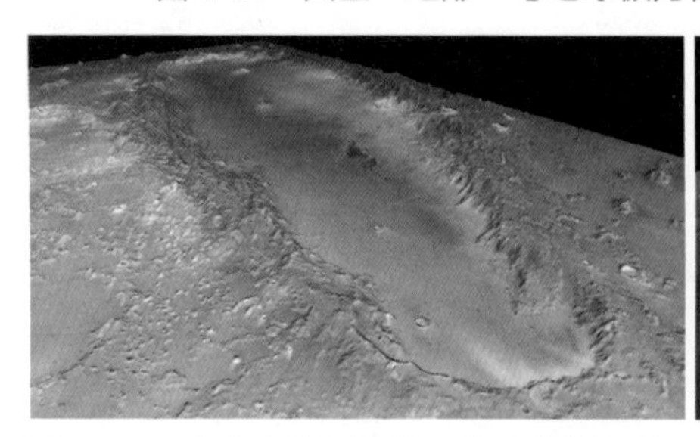

图4-15　火星上的陨石坑（奥乐库斯陨坑，长约380千米，宽约140千米）

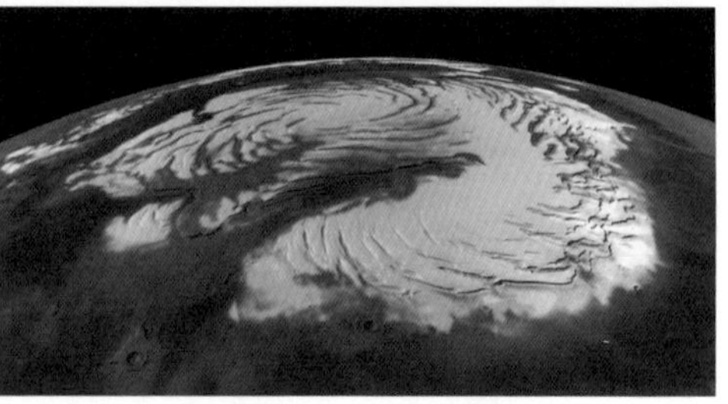

图4-16　火星北极

十一、“地表”荒凉且单调

火星是一颗荒凉贫瘠的岩石行星。火星表面布满了沙尘和岩块，颜色很单调。岩石和土壤中富含氧化铁，使“地表”呈现出神秘的铁锈红色（如图4-17）。美国发射的探测器先后到达火星“地面”，拍到了大量的火星照片。从照片可见，火星上很荒芜，“地表”遍布着沙丘和砾石，没有稳定的液态水体，没有任何生物的迹象。可以说，火星是一个贫瘠且荒凉的星球。

十二、大气稀薄，寒冷干燥

火星上的大气成分主要是二氧化碳，含量约占 95.3%。其次有少量的氦、氩、一氧化碳等气体，水汽含量很少。由于气体稀薄，火星表面气压很低，大约是地球大气压的 0.6%。由于没有液态水，整个火星比地球上最干旱的沙漠还要干燥，似乎有数百万年甚至数十亿年滴雨未下。

火星与太阳的距离比日地距离大，单位面积上接受的太阳辐射仅是地球表面的 43%。因此，火星表面温度比地球低。火星上虽然有日照，但感觉冰冷刺骨。这里的气温很低，平均温度为 -60℃，最低温度为 -125℃，最高温度为 20℃。这里的天空大多万里无云，寒冷冰凉，与地球上隆冬时节的南极洲极其相似。

图 4-17 火星“地表”的铁锈红色

火星的大气没有臭氧层，紫外线指数极高。在火星上想用帽子或借助现有的宇航服抵挡紫外线或宇宙射线，简直就是痴心妄想。

火星大气稀薄且干燥，“地表”昼夜温度变化很大，容易形成沙尘暴。当沙尘暴发生时，强风扬起沙尘，铺天盖地，疯狂肆虐。据观测，每 3 个火星年就会发生 1 次特大沙尘暴，席卷火星全球，遮天蔽日的景象会持续数月，很恐怖。

此外，火星寒冷干燥的大气常年飞舞着尘埃，天空呈现黄褐色。尘埃为天空抹上了一层红色，同时散射阳光，使天空在白天出现红色调，日出和日落时则偏蓝色（如图 4-18）。

图 4-18　火星上的日落景观

十三、磁场弱，重力小

火星磁场强度比地球弱，太阳辐射及宇宙射线都可直接射向火星“地表”，从天而降的陨石更是防不胜防。火星表面每年会遭到将近 200 次陨石撞击，甚至影响到两个卫星。

火星质量比地球小，产生的重力作用也比较小，约为地球的 1/3。这使火星上的高山承受重力比地球上的小，因而不容易崩塌。科学家曾做过计算，当地球上的高山超过 1.5 万米时，山体可能因为无法承受压力而崩塌；而火星上的山可以达到 3.75 万米以上。因此，火星上的一切都很大，如火星熔岩堆积的高度可以达到地球上熔岩高度的 3 倍。

十四、壮观的峡谷与高山

借助于探测器，我们可以看到火星上的壮丽风景。火星上有特大的高山峡谷，令人赞叹，甚至美得令人窒息。

首先是“水手”号峡谷，长约 4 000 千米，深约 10 千米，可能是太阳系中最大的峡谷。在它面前，地球上许多令人印象深刻的大峡谷根本就算不了什么。“水手”号峡谷（如图 4-19）巨大无比，深不见底，长度相当于从东向西横穿我国。这条曾经覆盖着许多巨大湖泊的裂缝，显然是由汹涌的洪水冲刷而成。要冲刷出这样的裂缝，这需要流过多少的水量？估计需要 200 条亚马孙河同时倾泻！这真的是太不可思议了。

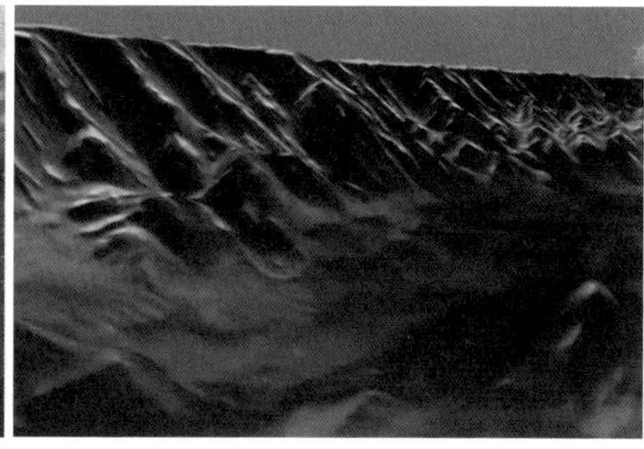

图 4-19 “水手”号峡谷的外观（左）及其谷中的壮丽景色（右）

还有一座引人注目的高大火山，就是奥林匹斯山（如图 4-20），由喷发的大量熔岩层叠堆积而成。据科学家们最新的估算，奥林匹斯山的山体高度约 27 千米，是地球上珠穆朗玛峰的 3 倍。山体基部面积比英国的国土面积还要大，山顶的火山口可以装下英国的伦敦、法国的巴黎和美国的纽约 3 个特大城市。这真的有点难以置信，但它就在火星上，是太阳系里最巍峨的山。

图 4-20 火星上的奥林匹斯山顶

十五、地下隐藏水冰

从探测器传回的照片可以看到，火星表面有许多树枝状的地貌。科学家们认为，这些地貌显然是水流冲刷而成的。这说明，火星上曾经有过大量的水。从上述火星的峡谷“地形”等特征可以推测，火星曾经是一个温暖湿润的星球，大部分表面都覆盖着液态水。但是，在漫长的演化历史中，火星失去了大气层，也失去了大部分的“地表”水。今天，火星上的水主要以“地表”下的水冰(如图 4-21)或水蒸气的形式存在。水冰基本上都分布于极地地区。

科学家们发现，火星的北极平原表面都覆盖着水冰，厚度为 5~8 厘米。赤道地区也存在着冰沉积，深度暂时还不能精确测定。

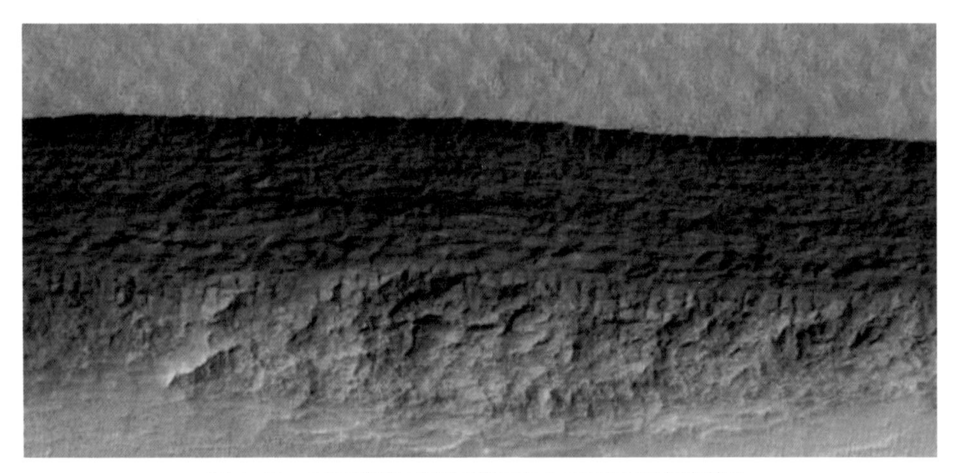

图 4-21　火星的地下冰在横断面上显露出明亮的蓝色

十六、火星环境变化原因

科学家们推测，火星的形成时间与地球相似，都是大约形成于 45 亿年前。但与地球不同的是，火星自形成之后，几乎没有发生太大的变化。火星的构成物质成分与地球很相似，而且一样遭到了彗星和小行星的撞击，“地表”留下了许多的陨石坑。

火星表面有许多的蜿蜒山谷，很显然都是水流冲刷而成的。相信火星曾经是一个宜居星球，表面拥有液态水，大气层也足以维持气候。

科学家们正在探索，火星环境是如何改变的？它上面的水和大气都去哪里了？原因又是什么？火星上还有什么遗留的东西？

火星的许多谜团正等待着人们去破解，去寻找答案。我国于 2020 年 7 月向火星发射了“天问一号”探测器，开始了对火星的探索。火星与地球如此相似，它是人类心目中一个特别的星球。

十七、火星的卫星们

与地球一样，火星也有卫星。只是火星的卫星有两颗（如图 4-22），就是火卫一（Phobos）和火卫二（Deimos）。它们与月球相似，始终只有一面朝向火星，但在外观上显得更为粗糙。它们也都非常小，不呈球状，更像是两颗大号的小行星。与月球不同的是，它们在火星引力作用下，正不断向火星靠近。

火卫一是其中较大的一颗，直径约为 22.7 千米，呈土豆形状。据观测，它很可能是由岩石与冰的混合物所组成的，有很深的地壳坑。它的运行速度较快，一日内可绕行火星 3 圈。它距火星的平均距离约 9 378 千米，轨道比火卫二更接近火星。

火卫二很小，组成物质与火卫一相似。它的形状不规则，宽只有 12.6 千米。它的轨道离火星更远，平均距离为 23 460 千米。它绕行火星一圈的时间需要 30.35 小时。它也是太阳系中最小的天然卫星。

有科学家认为，可能是由于小行星的扰动与木星的作用，才使火卫一和火卫二围绕着火星运动。

根据近年抵达火星轨道的人造卫星提供的相关数据，表明了由火卫一和火卫二产生的尘埃已经开始围绕火星旋转。相信再过几千万年，这两颗卫星将撞向火星，火星将失去天然卫星。

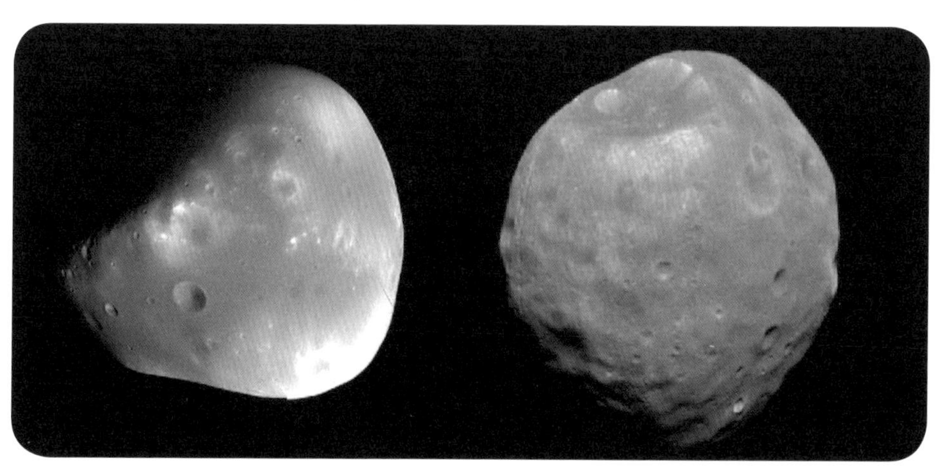

图 4-22　火卫一（右）与火卫二（左）

十八、人类迁居火星？

图 4-23　火星与地球的大小比较

火星与地球十分相似，这吸引着人们的注意力（如图 4-23）。火星上有生命吗？人类是否可以迁居火星？

火星与地球虽是邻居，但彼此相距甚远，最近的距离约 5 600 万千米。要把人类送上火星，需要克服许多困难。第一，登陆火星的难度很大。要成功登陆，需要找准时机，就是当火星和地球处于合适位置时，才能实现从地球直线飞行到达火星。如果错过时机，就只好再等 26 个月。第二，准备行李是一项大工程。从地球飞往火星，单程飞行时间至少需要 6 个月，来回大概需要 3 年。如果顺利按时出发并安全抵达火星，必须带上足够的随身物品，尤其是需要维持 3 年的生活必需品，包括维持正常生命活动的食物、氧气和水。第三，火星是一个危机四伏的红色星球，从大气到尘土都暗藏危险。这里重力较低，你可能会感觉到自己在一瞬间变成了跳远高手；这里空气稀薄，气压很低，与地球上的差别巨大，人暴露在气压极低的环境中会立即死亡，因此需要特别设计的宇航服。但遗憾的是，登陆火星的宇航服至今还在研发中。此外，人类若想在火星上长期居留，最大的挑战应该是适应火星上极端寒冷干燥的环境。

至此可见，火星因为表面覆盖着锈红色沙土而成为一颗红色星球。隐藏在沙层之下的痕迹，说明火星曾是一个充满水的世界，雨水充沛，河流奔腾，且在北半球汇聚成一个巨大海洋。这颗红色星球曾经与地球一样呈现着蓝色，但这一景象如今已不复存在。

相比之下，比邻火星的地球，因充满着生命而显得生机勃勃，是一颗美丽的蓝色星球。

科学家们提出的宜居带理论认为，液态水是生命生存不可缺少的条件，如果一颗恒星周围的一定距离范围内有液态水存在，那么这一范围内的行星就被认为有更大的机会拥有生命或至少拥有生命可以生存的环境。而太阳系的宜居带大约就在金星轨道至火星轨道之间。

由此可见，地球与火星同是宜居带上的固体星球，但两者的特征却如此不同，这当中的原因仍是不解之谜，等待着我们去探索。

Part 5
巨大的木星

木星（Jupiter）是太阳系中最大的行星。它距离太阳7.8亿千米，从里到外排在第五位。从太空拍摄的照片看，木星表现出很强的木质感，仿佛镶嵌着棕白条纹的炫彩图案（如图5-1）。

图5-1 从太空看木星，仿佛镶嵌着木质条纹图案

木星属于类木行星，在太阳系八大行星中唯我独尊。木星的名字源自罗马神话故事中的众神之王朱庇特（Jupiter），神秘又险恶，很适合这个行星之王。木星上的云层具有复杂的纹理，而且五颜六色，使木星具有太阳系独一无二的行星景象。木星很大，大到超过人类的想象。木星的体积庞大，此体积足以容纳太阳系中所有的行星和卫星。

一、太阳系最大的行星

木星是太阳系的气体巨行星，是行星中的巨无霸（如图5-2）。木星的直径为142 984千米，大约是地球的11倍。木星的体积极为庞大，是地球的1 321倍。这意味着木星可以容纳1 321个地球，具有极大的外形。

木星的质量也很大，达到1.90×10^{24}吨，是地球质量的318倍，而且是

太阳系其他 7 颗行星、所有的卫星和小行星的总质量的 2.5 倍。因此，它能产生巨大的引力，对太阳系的作用仅次于太阳。

图 5-2　比较太阳系 8 颗行星的大小，木星显然是个巨无霸

二、太阳系自转最快的行星

在太阳系八大行星中，木星的自转速度最快（见 Part 1 表 1-1）。木星自转一周的时间只需要 9 小时 55 分，比地球快了近 14 小时。由于木星的体积庞大，快速的自转，这使得木星的赤道鼓起，两极扁平，宛如一个扁球体（如图 5-3），故有“灵活的胖子”之称。 因此，我们看到的木星并不是正球形，而是三轴不等的椭圆形球体，两极的扁平特征尤其显著。

图 5-3　木星的扁球体形

三、多彩的云层与旋涡

从太空看木星，只可看到木星表面的大气层。根据纬度变化，木星表面可分为多条带区，各带区之间的交接区域很容易出现乱流和风暴。由于木星的快速自转，科学家们从大气活动中观测到与赤道平行的、明暗交替的带纹，较明亮的是向上运动的云带，暗纹则是较低和较暗的区域。

木星的大气活动异常强烈。各种颜色的云层像波浪一样激烈翻腾。强劲的急流以时速 480 千米左右将相互交错的云带吹往相反方向，闪电的强度约是地球上的 10 倍，冰雹大如足球。

木星表面布满的红、褐、白等五彩缤纷的螺旋条纹图案，实际上就是肆虐的风暴带和气流旋涡。从带状条纹可以推测，木星大气中的风向平行于赤道方向，因区域不同而交互吹着西风和东风，这是木星大气的一项明显特征。

地球上的风暴与木星的风暴无法相比，因为木星的一个大风暴里可以吞下 2~3 个地球。在木星众多的巨型风暴中，最著名就是木星上的大红斑（如图 5-4、图 5-5）。这个巨型的风暴中心位于木星赤道以南约 23°，长 2 万千米，宽 1.1 万千米，规模大小是地球最大台风的 10 倍以上。经观测发现，大红斑是一团激烈上升的气流，呈深褐色。这个彩色的气旋以逆时针方向转动，每 6 个地球日旋转一周，经常卷起高达 8 千米的云塔。在大红斑中心部分有个心区，大小为几百千米，在周围的逆时针旋转中保持不动。

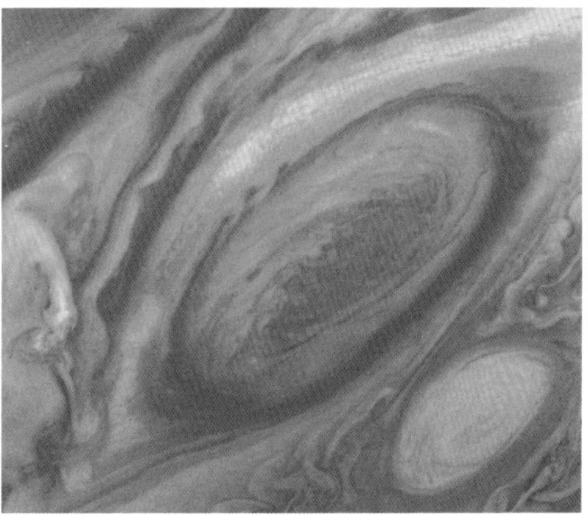

图 5-4　木星上的大红斑

早在 1665 年，意大利天文学家卡西尼就已发现了大红斑。之后的好几个世纪，大红斑好像一直没有消失，可见它的寿命很长。而且，大红斑的艳丽红色给人们留下深刻的印象，但呈现红色的确切原因尚未明确。科学家们推

测，大红斑的颜色是由复杂的有机分子、红磷或木星内部释放的含硫化合物引发的。据观察，木星大红斑的颜色是会变化的，有时是砖红色，有时消退为淡淡的三文鱼色，甚至白色。斑点偶尔还会消失，被认为是大红斑凹陷。颜色显示程度显然与木星南赤道带的外观相关。当南赤道带为亮白色时，大红斑趋于变暗；当南赤道带为暗黑色时，大红斑则会变亮。大红斑规模巨大，科学家分析了多年的观测数据，发现它其实正在缩小，2004 年测得它的长度大约是 100 年前的一半。因此认为大红斑若以目前的速度持续缩小，到 2040 年将变成圆形。

图 5-5 “旅行者”1 号探测器拍摄的假色木星大气层影像（大红斑和白色大气涡旋）

四、超级强大的磁场

木星拥有极其强大的磁场（如图 5-6）。木星磁场是太阳系最强的行星磁场，强度是地球的 14 倍。科学家们测定，木星的磁感应强度可高达 9 高斯，而地球表面的只有 0.25~0.65 高斯，可见木星的磁场强度之高。

图 5-6　木星的强大磁场

木星磁场与太阳风相互作用，形成了范围广大、结构复杂的木星磁层。我们知道地球的磁层只在距地心 7~8 千米的范围内，但木星磁层范围包括距离木星 140~700 万千米之间的巨大空间。木星的几个大卫星都受到了木星磁层的屏蔽，避免了遭受太阳风的袭击。

强大的磁场对电子仪器产生超强的干扰。据报道，1989 年发射的"伽利略"号探测器到达木星时，传回的照片几乎是纯白的，飞船上搭载的自旋探测器也停止了工作。还好"伽利略"号随即切换到了安全模式。后来人们才意识到，木星周围存在强烈的磁场，这些电子设备都被损坏了。

在太阳风的冲击下，木星巨大的磁层向后延伸，几乎抵达土星的轨道（如图 5-7）。木星磁层在太阳系中是范围最大的，如果从地球上观测木星磁层，范围大概与满月时的月亮一样大（如图 5-8）。

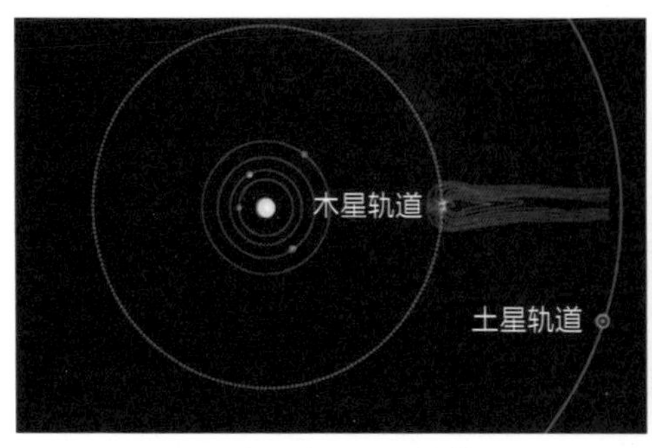

图 5-7 木星的磁层延伸范围

图 5-8 从地球上观测木星磁层如满月大小

五、太阳系最强的极光

我们知道地球的南北极地区会发生极光，强度根据太阳风的强弱而变化。木星同样也有极光，而且极光强度是太阳系八大行星中最强的，约为地球极光强度的1000倍，极其恢宏壮观（如图 5-9）。木星的极光同样受到太阳风强弱的影响，同时木星强大的磁场也是产生壮美极光的主要原因。

图 5-9 探测器拍摄到的木星极光

木星的极光与地球一样出现在两极地区，呈椭圆形或环状饼形。除了太阳风带来的带电粒子产生极光之外，木星在没有太阳风的情况下也能产生极光，这与木星对木卫一强大的引力有关。木卫一的火山活动十分活跃，喷发的火山灰粒子因木星的引力和强大磁场而成为带电粒子，在磁力线的牵引下往木星的南北两极上空集聚，并与木星大气层发生激烈摩擦，从而使大气电离，产生极光。

六、特别的结构与组成

长久以来，人们对木星的了解只限于上述所观测到的各种现象，知道木星是一个快速转动的巨大气体星球，常年有着肆虐的风暴带和气流旋涡，以及木星拥有强大的磁场和极光现象等。随着科学家们不断地努力探索与技术改进，尤其是近年借助于“朱诺”号探测器的最新观测数据，对木星内部的组成物质与结构有了新的认识。科学家们分析认为，木星具有非凡的三层结构（如图 5-10），最外层是大气层，中间层是液态氢层，最底下是固体内核区。但在不同分层之间具有渐变性，不存在特别明确的分界线。

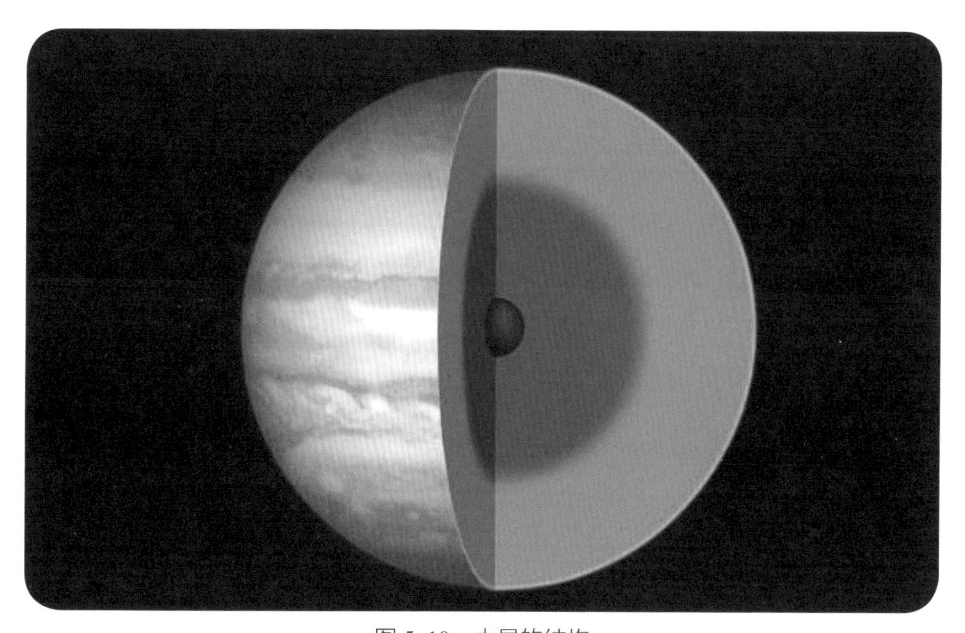

图 5-10　木星的结构

（一）大气层

木星的大气层主要由氢和氦组成，在质量比例上分别占 75% 和 24%。其他气体只占约 1%，其中包括甲烷、水蒸气、氨气等，以及微量的碳、乙烷、硫化氢、氖、氧、磷化氢、硫等物质。由于氨、硫化氢等气味难闻，可以想象木星云层必定是臭味扑鼻。

木星拥有太阳系最大的行星大气层，厚度大约为 5 000 千米，质量相当于 3 个地球的质量。由于没有固体表面，木星大气层缺乏很明显的低层界限。通

常认为大气压力等于 1 兆帕（1MPa）之处（或 10 倍于地球的表面压力处）为对流层的最低处，大约位于木星表层以下 90 千米处。参考地球大气层的结构，木星大气层随高度增加可分为 4 层，包括对流层、平流层、增温层和散逸层，各层有各自的温度变化特征。最下面的对流层由复杂的云雾组成，呈现朦胧状，包括若干层的氨、硫化氢氨和水，往下逐渐转变为液态内部。最高处的散逸层顶端也没有明确的界限，密度随高度增加逐渐降低，并且逐渐转入星际空间。

我们知道，地球上整个气候系统的能量来源是太阳辐射，但木星的大气运动能源则来自两个方面。木星表层巨大的风带就是木星深处大规模气流运动的表面，其动力来源是上空的太阳辐射和木星内部的热辐射。这些风带中心可以一直延伸到云顶以下深达 3 000 千米之处。大红斑就是这样的气旋活动中心。正是太阳和木星灼热的内部，成了两个热源，共同为木星的大气层源源不断地提供能量。

由于木星的巨大质量，内部压力和温度较高，甚至赤道与两极温差不大（最多仅为 3℃）。因此，木星上的大气活动强烈，而且以东西方向为主，充满了与赤道平行展布的稠密带状云（如图 5-11），其中有不稳定的旋涡（气旋和反气旋）、风暴和闪电，风速最大值为 130~150 米 / 秒。

图 5-11　木星上的稠密带状云

（二）液态金属氢层

木星大气从对流层底下，随深度增加逐渐转换成为液态内部。这就是在大气层覆盖之下以液态金属氢为主的中间层，厚达 2.7 万千米，大约占据整个木星体积的一半以上。

液态金属氢是纯氢在高压和高温条件下形成的。科学家们经过实验，证明了纯氢在受到持续高强压力条件下，从透明到不透明最后变成亮晶晶的金属的变化过程。但因木星内部的极高温度，这些金属是液态的。如在木星大气表层以下离中心核大约一半之处，压强可高达 300 万帕，同时温度也高达 11 000℃。这种条件下，液态分子氢已转化成液态的金属原子氢。因此，与其说木星是气体巨行星，还不如说是液体金属巨行星。

可以想象，从木星的大气层往下进入到木星内部，见到的将是深邃而闪光的金属海洋。这就是木星的第二层结构——液态金属氢层。当然，这一层还含有少量的氦及少数种类的“冰”。液态金属氢含有大量的质子与电子，这也是木星能够形成超强磁场的主要原因。

（三）固体核区

从液态金属氢层再往下，就是木星的核区，也是木星的最中心部分，相当于 10~20 个地球的质量。这里主要是由极高压强和极高温度下的岩石所组成，岩石的主要成分是铁和硅酸盐等固体物质。这里的压强大约达到上亿帕，温度可高达 30 000℃。那是无法想象的特殊环境。

科学家们经过反复的测定和计算分析，发现木星的内核外面包裹着一层既不是岩石也不是氢，而是一层稀释的混合物（如图 5-12），由岩石、冰和液体金属氢混合而成。再往外则逐渐过渡到液态金属氢所主导的中间层。

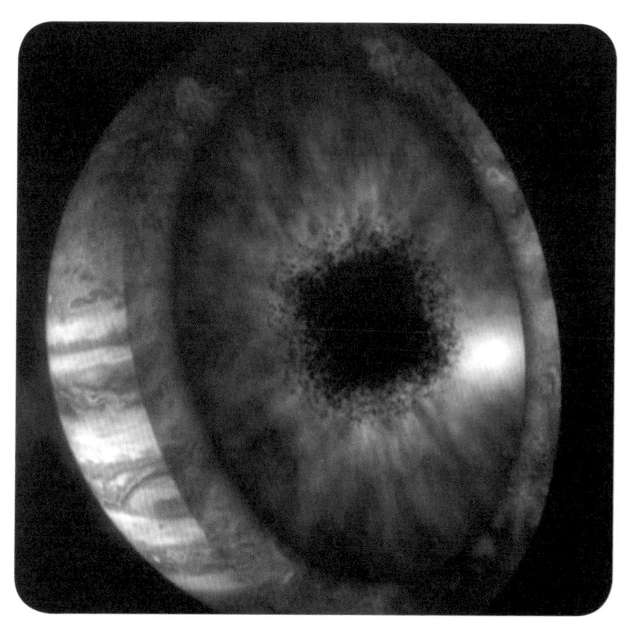

图 5-12　木星的内核外面包裹着一层稀释的混合物

（四）内部温度与压力变化

木星内部的温度和压力随着深度增加持续增大。木星大气层表层压强与地球地面 1 个标准大气压（101.325 千帕）相当，温度大约是 -147℃；随着大气深度增加，气压、温度升高。到了气态氢转变为液态氢的区域，温度达到 9 700℃（临界点），压力为 200 千兆帕；再往下到达核心边界，温度估计为 35 700℃，压力增大至 3 000~4 500 千兆帕。可见木星内部极端的高温与高压环境。

七、各具特色的卫星们

木星及其卫星如同一个小型的太阳系，周围很多卫星都因木星的强大引力而环绕并旋转。根据最新的观测记录，木星拥有一个庞大的卫星家族，共有卫星 79 颗，在太阳系中仅次于土星。木星的卫星们各有特色，其中有 4 颗很大很亮（如图 5-13），剩下的都很小，颜色也很暗。

很大很亮的 4 颗卫星分别被命名为木卫一（Io）、木卫二（Europa）、木卫三（Ganymede）和木卫四（Callisto）。它们是意大利天文学家伽利略在 1610 年用自制的望远镜发现的，后来被人们称为伽利略卫星。4 颗大卫星的发现为当时哥白尼的“日心说”提供了最有力的证据。

木星的卫星们各自具有鲜明独特的标志，尤其是 4 颗大卫星。其中，木卫三是太阳系的第一大卫星，木卫四、木卫一和木卫二分别排在第三、第四和第六位。

图 5-13　木星 4 颗大卫星的外观（左），以及它们在环绕木星运动（右）

（一）五彩斑斓木卫一

木卫一在 4 颗大卫星中最靠近木星，它的直径为 3 637.4 千米，围绕木星的公转轨道半径平均为 42.17 万千米。

如同一个圆圆的比萨饼，木卫一的外观五彩斑斓（如图 5-14），其中最强烈的颜色是黄色。“地表”星罗棋布地散布着 400 多座活火山，有向下达数千米深的火山口，有炽热的硫湖、数百千米到处流窜的黏稠熔岩流。另外，还有 100~150 座巨大山峰，平均高度约为 6 000 米，平均长度约为 157 千米，与地球上的山峰一样。同时，木卫一还有稀薄的大气层，气压很低，相当于地球大气压的十亿分之一；“地表”温度约为 -143℃。

图 5-14 木卫一的外貌五彩斑斓

科学家们多年的观测分析，发现木卫一与类地行星有很多相似之处。木卫一的表层是由炽热的硅酸盐熔岩所构成，内核则可能由铁或硫化铁所组成。木卫一稀薄的大气中，主要成分是二氧化硫，其他有少许的一氧化硫及氧等。

木卫一存在频繁的火山活动。木卫一上的火山活动十分活跃，不断向外喷发气体，塑造着“地表”形态。由于引力较弱，大型火山爆发产生的碎屑喷发物可以上升到高空。1979 年 3 月，“旅行者” 1 号探测器发现木卫一上面至少有 6 座活火山，正以 1 600 千米的时速喷发气体和固体物质，喷出物高度可达 450 千米。有的火山活动区直径达 200 千米，喷发强度比地球上大很多。科学家们甚至预测，这些火山喷发物每年都能使木卫一表面增高大约 1 厘米。由于重力小、气温低，木卫一的火山喷发如间歇泉模式，喷发至高处的二氧化硫气体等很快凝结成晶体，形成大型伞状羽流再落回“地表”（如图 5-15）。

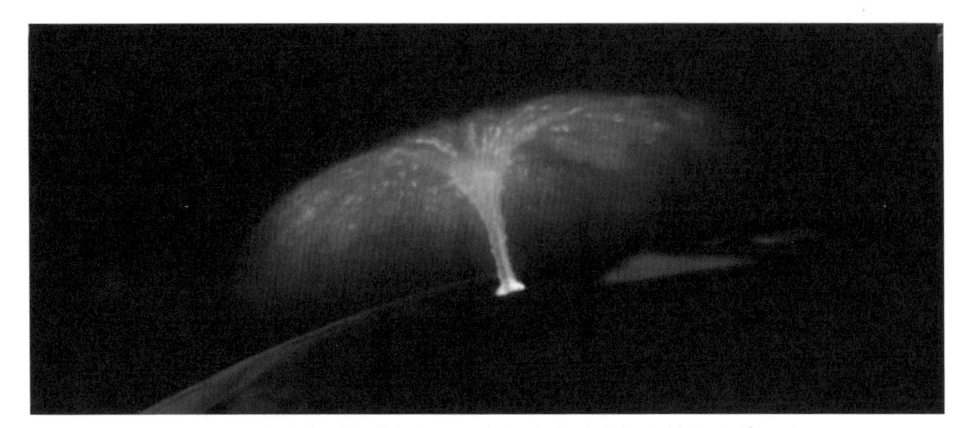

图 5-15　探测器拍到的木卫一火山喷发形成的伞状火山灰羽流

（二）寒冷迷人木卫二

木卫二在 4 颗大卫星中处于靠近木星的第二位，直径为 3 138 千米，公转轨道半径大约为 67.09 万千米。

外观上，木卫二显得很迷人。它的最大特征是表面有一层厚厚的冰壳，厚度达到 100 千米，冰层温度约为 -26℃，但"地表"温度在赤道地区为 -163℃，在极地只有 -223℃。由于冰对太阳光的反射，使得木卫二成为太阳系最明亮的卫星。此外，木卫二还有另一个特征，就是遍布全球的一串串十字条纹（见图 5-16）。这是分布于冰壳上面的陨石撞击坑和纵横交错的纹路。

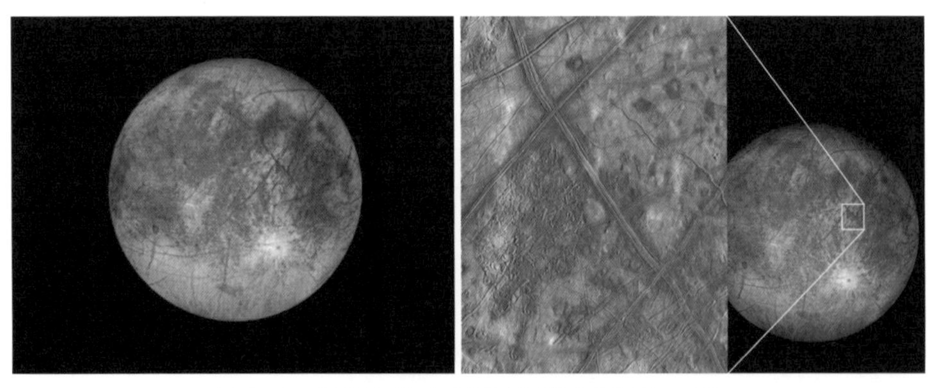

图 5-16　木卫二（左）及其上面的十字条纹（右）

木卫二是太阳系中最光滑的天体，表面很少有超过几百米的起伏，只在个别地区观测到接近一千米的落差。那些显眼的纹路是由低浅的"地形"反射光线造成的。近距离观测表明，大一点的条纹横向跨度可达 20 千米；规则的纹路和宽条纹夹有浅色细纹，这些很可能是由表层冰壳开裂、较温暖的下层物质暴露，引起冰火山喷发或间歇泉所致。

在物质组成上，木卫二与类地行星相似，主要由硅酸盐岩石所组成，其内部可能有分层结构，并且可能有一个小型金属内核。值得注意的是，木卫二表面包裹着一层极其稀薄的大气，气压为 1 微帕，主要成分是氧。据科学家分析，木卫二大气中的氧不是植物制造的，很可能是带电粒子的撞击和阳光中的紫外线照射，使木卫二表面冰层中部分水分子分解成氧和氢，氢因原子量低而逃逸，氧因原子量相对较高而被保留下来。

此外，最新的研究报告显示，木卫二上有间歇性喷泉，每次喷发时间约 7 小时。喷泉巨大的羽状水柱高达 200 千米（见图 5-17）。据此推测木卫二的固体内核受到潮汐力作用而发热，因此在冰冻的“地表”下隐藏着一个巨大的海洋，喷泉就是最好的证据。所以，木卫二的冰壳下面很可能隐藏着一个太阳系中最大的液态水海洋，比地球最深的海洋还要深 96 千米。而且，这个海洋中有可能存在着生命。

图 5-17　木卫二上高达 200 千米的壮观喷泉

于是，围绕着对木卫二的进一步探索吸引着人们，有些人开始思考怎么才能进入木卫二的海洋，如使用潜水机器人穿越冰层，潜入深海探测取样。那里应该有温暖的咸水，与炽热的岩质海床相互发生作用。如果那里的岩质地幔温度很高，如地球海床一样，海床上的热泉可能会把驱动生命的化学物质释放到海水中，那么木卫二上或许存在鱼类。

（三）卫星冠军木卫三

木卫三在 4 颗大卫星中处于靠近木星的第三位，直径为 5 262 千米，公转轨道半径平均为 107.04 万千米。

木卫三是木星众多卫星中最大的一颗，体积比水星还大（见图 5-18）。

图 5-18 木卫三

借助于“旅行者”号探测器，科学家们精确地测量了它的大小，确定了它就是太阳系中最大的卫星。

从太空观看，木卫三的表面很粗糙，表现出明亮与黑暗相伴的外观。木卫三的“地表”分布着两种主要“地形”，一种是陨石坑密集分布的黑暗区，形成年代较为古老，约占星体总面积的1/3；另一种是槽沟和山脊纵横交错分布的明亮区，分布较广，形成历史上相对年轻。两种“地形”上都有延伸的环形山，有时会被槽沟切断。它的两极地区都有极冠，可能是由霜体所构成，这成为木卫三的另一个显著特征。此外，它拥有稀薄的大气层，与木卫二相似。它还有自己的磁场，处在木星巨大的磁场中。

在组成物质上，木卫三主要由硅酸盐岩石和冰体所构成。冰体广泛存在于表面，较多分布在槽沟和山脊纵横区，因而表现得很明亮，其比重达到50%~90%。据科学家的推测，在它表面的崎岖冰层下，大约200千米深处，存在一个被夹在两层冰体之间的咸水海洋，其液态水含量超过地球。进一步的测算认为，这片地下海洋深度约为10万米，相当于地球上最深海洋的10倍多。

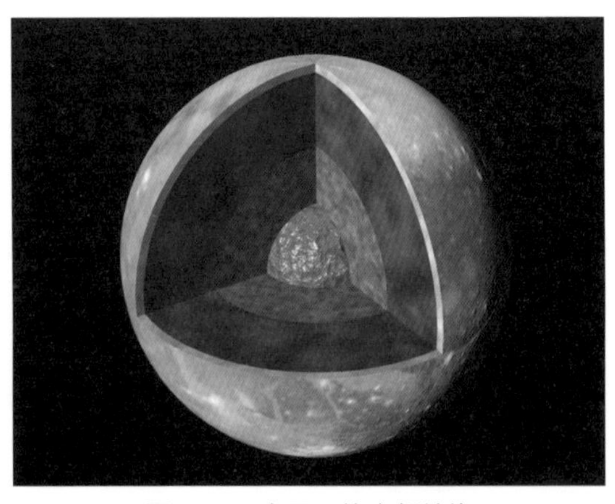

图 5-19 木卫三的内部结构

木卫三的内部分层结构很明显（见图 5-19）。①内核。它的内核半径估计达到700~900千米，由硫化亚铁和铁所构成，因内部的高温和高压环境而呈液态，因而成为流动性内核。这也是它能够形成磁场的最主要原因，所以它成了太阳系中已知的唯一拥有磁圈的卫星。②地幔。内核之外是地幔，分为内外两层：外地幔由冰体所构成，厚度为 800~1000 千米，最外面为星体表层，表现为坚硬的冰层，下面则是液体海洋；内地幔的主要组成物质是硅酸盐。

木卫三的“地表”温度较低，平均约为 -160℃。它的稀薄大气层中含有原子氧、氧气和臭氧，以及原子氢等成分，气压值为 0.02~0.12 帕。其中氧气浓度很低，不足以维持生命的存在，来源与木卫二的情况相似。

（四）灰姑娘木卫四

木卫四在 4 颗大卫星中离木星最远，直径为 4 800 千米，公转轨道半径平均为 188.3 万千米（如图 5-20）。

木卫四是木星的第二大卫星，仅次于木卫三。如同一个沉闷的灰姑娘，木卫四的颜色很黑，表面有大量凹坑，形成年代很古老。由于公转轨道离木星较远，受到木星磁场的影响较小，木卫四“地表”受到的陨石撞击最猛烈，“地形”特征多变，以环形山、各种撞击坑、撞击坑链、悬崖、山脊与沉积“地形”为主。而在“地表”以下 100 千米处，可能存在一个由液态水构成的巨大地下海洋，深度达 20 千米。

图 5-20　木卫四

木卫四由大约 40% 的冰体与 60% 的岩石或铁所构成。科学家们通过光谱测定，认为木卫四表面组成物质有冰、二氧化碳、硅酸盐和各种有机物。由冰体构成的小面积明亮斑块与由岩石、冰体混合物构成的斑块相混杂，而广大的暗区则由非冰物质构成。此外，木卫四还有一层非常稀薄的大气，主要由二氧化碳构成，可能还有少量的氧气。

关于木卫四的内部结构，科学家们还没有确切的探测证据。从已有的探

测数据可以推测木卫四“地表”下面是一层寒冷、坚硬的冰质岩石圈，厚度为 80~150 千米；岩石地壳下面 50~200 千米深处，可能存在着一个咸水海洋；内部可能存在一个较小的硅酸盐岩石内核。有研究人员认为木卫四的地下海洋中可能存在着生命。

与木卫二、木卫三一样，木卫四也是一个寒冷的地方。它的白天温度只有 -108℃，夜间则降低至 -193℃。科学家们在对外太阳系的探索研究中，认为木卫四最寒冷，但因距离木星较远，具有较低辐射和稳定的地质环境，是设置空间飞船维修站的理想地点。因此，人类有可能在木卫四“地表”建立一个基地，为进一步探索木卫二提供便利，也为太阳系更深空间的探索提供燃料支持。

（五）是否为人类宜居之地?

至此可知，木星的这些大卫星们都各有千秋。木卫一最靠近木星，是太阳系火山活动最活跃的天体。木卫二表面明亮光滑，受侵蚀程度低，覆盖寒冰。木卫三、木卫四距离木星稍远，且与木卫二一样含有冰层，可能存在地下海洋。但它们都显示出与类地行星相似的性质，如火山活动、内热等现象。

生物学家相信，液态水和热量是支撑生命必不可少的条件。在地球之外的其他天体上发现液态水，这令人感到十分的振奋。但在热量条件方面，木卫三、木卫四都显得比较恶劣，“地表”太寒冷。木卫二表面温度也很低，水是永久冻结的，但内部热能可能使冰层下的水保持液态，成为与地球相似的海洋，且具有一定的盐度。因此，科学家们认为木卫二具有较大的“宜居”潜力，未来可能适合人类居住。下一步将发射探测器对木卫二的冰下海洋进行调查，确定其厚度和分布情况。有的科学家甚至还详细描述了未来木卫二探索任务的 3 个主要目标：第一，至少要在两个不同深度上监测木卫二海水盐度、有机物质及其无机物等；第二，调查木卫二冰壳、海洋物理环境及表层物质磁学特性；第三，希望探测器能传回木卫二“地表”特征的照片。木卫二表面有各种各样奇怪的“地形”，酷似仙境。根据“伽利略”号探测器的观测，该天体表面错综复杂并交织在一起的“神秘细线”让人费解，派遣探测器登陆木卫二可以解决许多关键问题。

所以，人类是否可以考虑移居木星的卫星们，尤其是木卫二。考虑到木卫二的直径约只有地球直径的 1/4，体积比月球稍微小一点，而且木卫二的表面温度很低，“地表”水是永久冻结的，但来自木星的引潮力产生的热能可能会使冰层下的水保持液态。即使是这样，假如有一天人类能登陆木卫二，恐怕也难以长久居住。

八、木星环

随着对木星的深入探测，科学家们发现木星也具有行星环，这应归功于“旅行者”1 号、2 号探测器。

木星环位于木星的赤道面上（如图 5-21），像个薄薄的圆盘，显得很暗，也不大。据观测，木星环宽 9 000 千米，厚度约 30 千米。整个环弥散透明，由亮环、暗环和晕三部分组成。亮环在暗环的外边，暗环在亮环的内侧，晕为一层极薄的尘云，包围着亮环和暗环。亮环离木星中心约 13 万千米，宽 6 000 千米。暗环宽可达 5 万千米，其内边缘几乎同木星大气层相接。晕的延伸范围可达环面上下各 1 万千米，它在暗环两旁延伸到最远点，外边界则比亮环略远。

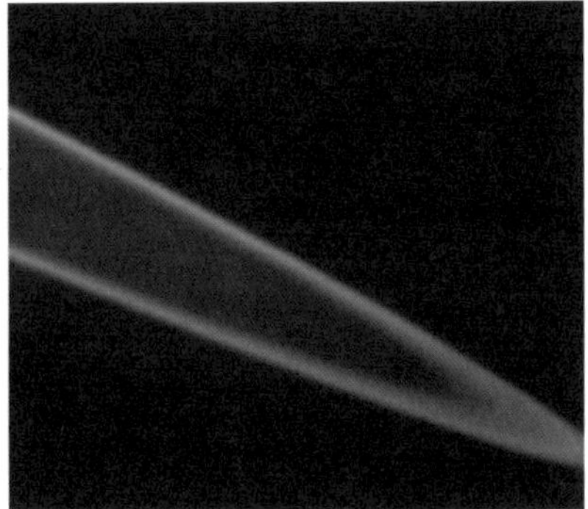

图 5-21　木星环

木星环由大量的尘埃和黑色碎石组成（如图 5-22）。碎石的大小从 1 微米到数十米不等，以周期为 7 小时左右的速度围绕木星旋转。由于黑色石块不反射太阳光，木星环显得暗淡又单薄，人类用肉眼很难发觉，但可以通过哈勃太空望远镜观察到。

图 5-22　木星环的组成物质

九、木星的形成及对地球的影响

木星作为太阳系最大的行星，它又是怎么形成的呢？

从前述太阳系的形成可以知道，太阳系大约形成于 46 亿年前。当时，在以氢为主要组成物质的旋转星云盘里，固体点缀其中（图 5-23）。当原始太阳形成时，附近物质和气体尘埃都被太阳吞噬而成为太阳的一部分，产生的太阳风将剩余的星尘向外驱散。稍远的区域温度降低，因而充满了由金属元素和矿物质等固化而成的小石块。更远处的外围则因冰冻而充满了冻结的甲烷、氨和水等氢的化合物，成了星云盘的外圈。经过漫长时间的碰撞黏合，星云盘产生了大量的星子，星子最终形成了各大行星，但大小不一。星云盘的内部因只有金属、石头等，形成的行星较小；而外围的石头与冰很快结合形成星胚，在形成一个类地核心后可以吸收各种气体冰物质，因而变得很大，同时引力增加，吸引更多的气体，从而越来越大。

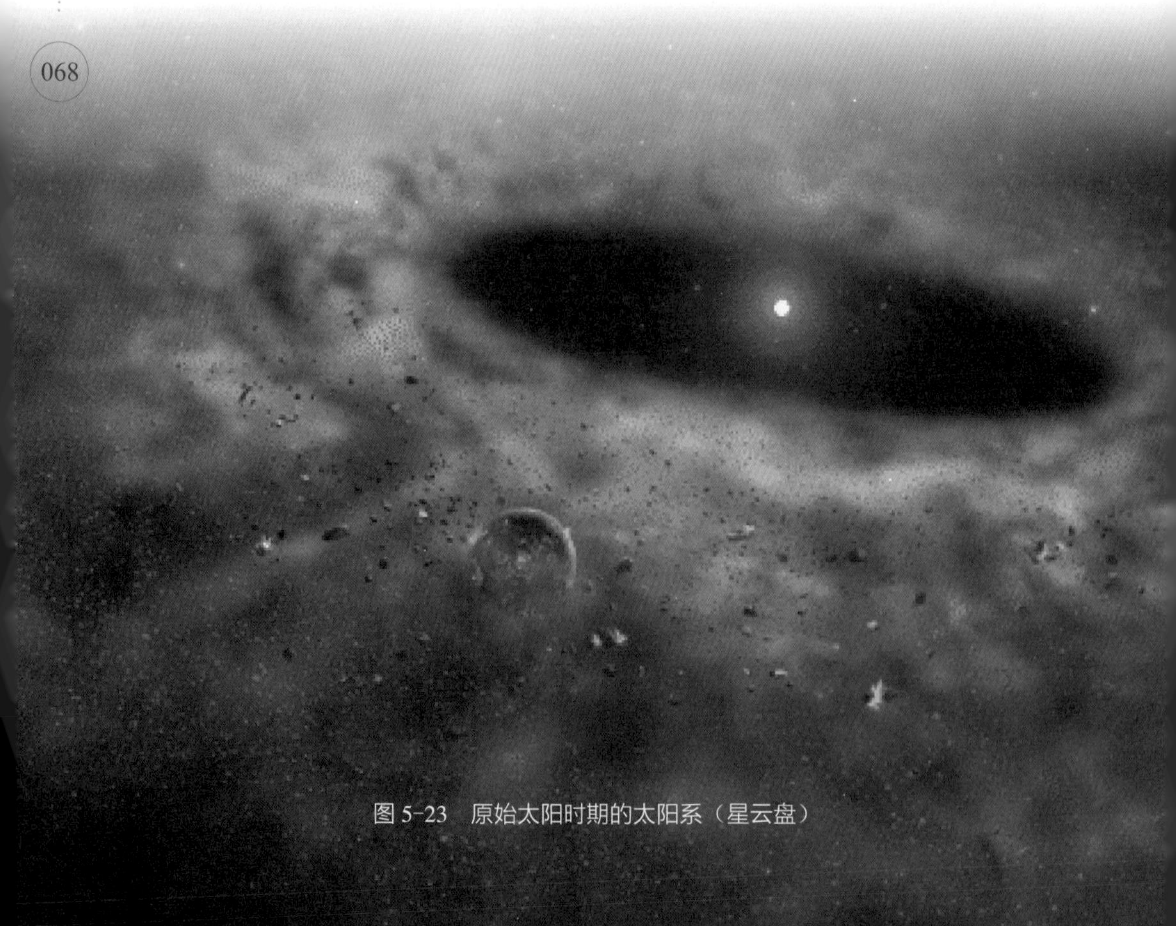

图 5-23　原始太阳时期的太阳系（星云盘）

当太阳的核聚变熔炉熊熊燃烧后，第一束阳光开始照射时，木星作为太阳系的第一颗行星出现在星云盘的外围。这是早期的木星，它吸收了太阳形成过程中留下的大部分残骸，由岩石和冰组成，并且不断增大。如同一颗巨型地球，早期木星的质量是地球的 10~15 倍。当最后一颗星子撞到了木星表面，增加的质量使木星突破临界点，变成一个引力强大的行星。于是，它可以快速地吸引更多的物质，就像一台宇宙吸尘器，吸引了在它运行轨道上的所有物体，这使它迅速变得更大。

科学家们的研究得到了大量证据，表明大约 45 亿年前，木星轨道开始发生变动，由此引发了前所未有的狂暴时期，彻底改变了年轻太阳系的面貌。分析认为，早期的木星在变成巨星后，因太阳的吸引而向着太阳系内侧做螺旋运动。而在火星和木星的轨道之间充斥着太阳系形成初期残留碎片形成的星子，其中的岩石星子个头太小，本身无法成为行星。木星巨大的质量产生的引力影响是太阳系行星中最大的，在穿过星子带的过程中，它使星子们的运行速度加快，使它们相互之间发生毁灭性的碰撞，致使它们瓦解。因此，我们现在看到的小行星带物质稀疏，所有小行星的质量总和只有月球质量的 4% 左右，而且广泛分布在火星轨道外的巨大圆环内，所占空间十分广阔。可见早期木星向内迁移的影响至今仍清晰可见。

木星凭借其优势地位，对新形成的太阳系产生了深远影响。它所产生的强大引力，阻止了各种物质流向太阳系内部，延缓了巨大的岩石行星或“超级地球”的形成。木星的存在可能是小行星带无法形成巨型行星的主要原因，使太阳系留下的大量物体一直延续到了现在。同时，木星无疑是地球生命环境形成的大功臣。

十、前往木星旅行?

木星是气体巨行星，没有坚实的固体表面，因而人类不可能降落在木星上。此外，从前述木星的各方面特征可知，木星强大的磁场、缺乏氧气、压力巨大等环境条件对人类都是极不适合的。但木星表面拥有太阳系中最多彩、最吸引人的云层，实在值得前往观光。而从地球前往木星，单程至少是 600 天。所以，千万要先计算好时间，充分考虑好需要准备什么物品、准备多少等，以保证旅行期间的生活所需。

至于木星的卫星们，首先木卫一并不是一个好地方，它的大气极其稀薄，大部分气体都是火山喷发的产物，基本上没有可呼吸的空气。看着可能很美

丽，但它的表面温度为 -143.15℃，实在太寒冷了。

木卫二、木卫三的景色都非常美，可以欣赏木星极光，但也因温度太低，不宜登陆。

木卫四更是低温的星体，或者需要等到人类在它上面建造了空间站，才可以前往一游。

至此可见，木星很大，是太阳系的行星之王。但太阳是太阳系的中心，质量和体积都比木星大得多。太阳的直径约为 139 万千米，木星直径约为 14.3 万千米；木星体积是太阳的千分之一，质量是太阳的 1/1 047。所以，木星比太阳小很多。

但是，木星主要由氢和氦所组成，这与太阳相似。如果太阳系有更多的物质让木星吸积，使木星内部形成足够发生核聚变反应的温度和压力条件，木星就可以演变成为第二个发光的“太阳”，而太阳系则成了双恒星系统。这样的话，不妨想想地球会怎样？地球上还会有生命存在吗？

美丽的土星

土星（Saturn）是太阳系的一颗类木行星，从里到外排在第六位。它外表淡黄色，自带光环（如图6-1）。在茫茫太空中，它的星体裹着飘拂的云彩，腰部缠着绚丽的行星环。土星以它特有的美丽吸引着无数科学家和天文爱好者，使人们深深为之着迷。

图 6-1　自带光环的土星

一、太阳系第二大行星

土星与木星、天王星和海王星一样，同属于气体行星。在太阳系八大行星中，它的质量和大小仅次于木星，是太阳系第二大行星。

土星的赤道直径约为 120 540 千米，大约是地球直径的 9.5 倍，体积相当于 750 个地球。它的质量达到 5.68×1 023 吨，约为地球的 95 倍（见表 1-1）。

土星的外形似扁平球体，这与木星相似。它的自转速度很快，自转周期约为 10 小时 39 分。它公转一周的时间大约为 29.5 年。可见土星上的一天小于 11 小时，土星上的一年则相当于地球上的 30 年。

从太空观察，土星外观为淡黄色（如图 6-2）。我国古人因此称之为土星。西方人则因它运行速度慢而显得行动迟缓，故以罗马神话中的萨都思（Saturn）神为它命名，象征时间的流逝不会给人们带来任何好处。

土星表面的温度约为 -140℃，云带以金黄色为主。它的赤道附近气流与自转方向相同，风速很大。土星的风几乎都是西风，表面有时会出现白斑。土星的光环属于巨大的行星环，是一扁平的固体物质盘，由无数颗细小的粒子汇集而成。

图 6-2　土星

二、可“浮”于水面的巨星

土星是气体行星，没有固体“地表”。它的质量虽然是地球的 95 倍，密度却是八大行星中最小的，只有 0.7 克 / 厘米^3（见表 1-1），比水的密度还小。

土星体积庞大，在太阳系仅次于木星（如图 6-3）。它的外层是由气体构成的大气层，主要组成物质是氢和氦，还有甲烷和其他气体。大气中飘浮着由稠密的氨晶体组成的云。深入土星的大气层，越往里面温度越高，压力也越大。深入到一定程度会出现液态特征，其中的机理仍有待探索。这表明土星与木星相似，也可称为液体行星。

图 6-3　土星与木星相比较

在浩瀚的宇宙中，土星既是气体行星，也是液体行星。星体虽然庞大，能装下 700 多个地球，但密度却很小。从理论上，土星甚至可以在水面上“漂浮”，是一颗可以“浮”水的巨星。只是，由于土星体积庞大，以人类现有对宇宙的认识，要找到可以让土星漂浮的水域暂时还做不到。如果有相同密度的小球掉到水里，那是肯定会浮起来的。

三、绚烂的土星环

一直以来，土星都是太阳系中最容易被辨别出来的星球，它以自己独有的行星环（土星环）吸引着人们的目光。宇宙中的巨大行星环比比皆是，但土星环（如图 6-4）整齐明亮，光彩夺目，令人惊叹不已！

图 6-4　土星环的整体与局部形状

土星环很大，总宽度达到30多万千米，比20个地球排列起来的宽度还大。它由7个同心环组成，各环的宽度不同，亮度也不同，环与环之间有环缝。根据发现时间的先后，分别称为A、B、C、D、E、F、G环。由外围往里，7个环的排列顺序为E、G 、F、A、B、C、D环（如图6-5）。最新研究发现，每一个环都是由成百上千条挤拼在一起的细环所组成。即使是环缝，也有很多地球望远镜看不到的细环。

图6-5　土星环的排列

土星环很薄。7个同心环的厚薄不一，最薄的只有几米，最厚的大约150千米，平均厚度30米左右。相对于土星环的总体宽度，土星环的厚度显得非常薄。而相对于巨大的土星，更是如同薄纸一张（如图6-6）。

图6-6　土星环显得非常薄

从太空观看，土星环像是一个完美的固体圆盘。实际上，它并不是静止的或完全固定的。靠近观察可见，它是由无数的细小粒子（包括冰块、岩石和尘土等）组成的（如图 6-7）。这些粒子小的如沙粒，大的如房子。它们围绕着土星做高速运转，时速为 2 万 ~4 万千米 / 时。同时，它们相互碰撞、破碎、分裂成更小的颗粒。由于气温寒冷，这些粒子外面都包裹着冰。这些冰晶对太阳光的反射，形成了土星环的绚烂光芒。正因为这个美丽的光环，土星成了太阳系中最美丽的行星。

图 6-7　土星环的组成

有科学家认为，这个标志性的光环是在太阳系形成初期，由漂浮的碎石形成的。也有人认为是卫星在土星的引力之下发生了解体，留下了碎片；或是小行星和流星意外撞击到土星的卫星产生的碎片。这些碎片直接成了土星环中的物质，继续围绕土星旋转，同时在引力作用下被拉扁成超薄的圆盘。

土星环的独一无二与土星卫星们的影响密切相关。例如，土星环的 F 环附近有两颗卫星，就是土卫十六（普罗米修斯）和土卫十七（潘多拉），后者的重力作用能阻止 F 环向外随意扩张，前者却能阻止 F 环往内聚拢（如图 6-8）。正是这种相互作用力的影响，使土星环能保持相对的稳定。

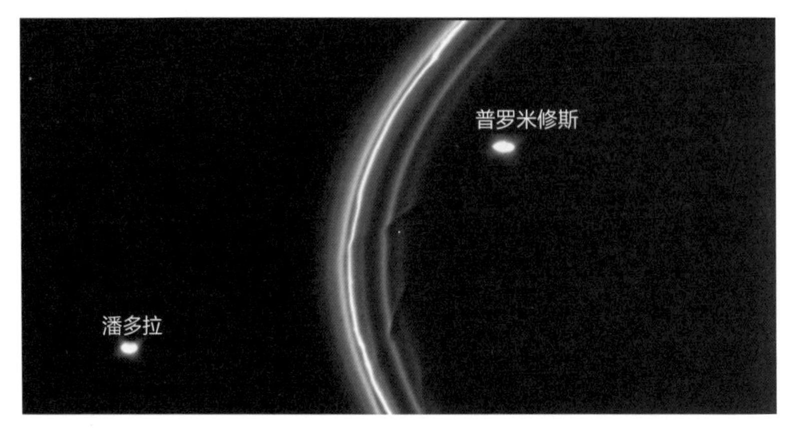

图 6-8　土卫十六（普罗米修斯）和土卫十七（潘多拉）对 F 环的限制作用

因为有土星环，土星成为整个太阳系最上镜的行星。美国发射的“卡西尼”号探测器从不同角度拍摄了许多土星环的照片（如图 6-9），简直就是艺术杰作。其中最美的是带有光环的新月状土星（如图 6-10 左），还有从上往下拍到的以卫星为背景的土星环（如图 6-10 右），以及土星环的波浪结构（如图 6-11）。

图 6-9　土星环的照片

图 6-10 带有光环的新月状土星（左）和以卫星为背景的土星环（右）

图 6-11 “卡西尼”号探测器发现的土星环波浪结构

四、狂暴的天气现象

土星表面与木星相似，也有一些与赤道平行的明暗交替的带纹，其中有时也会出现亮斑、暗斑或白斑。土星的带纹比较幽暗和有规则，显得平和而宁静，这与木星截然不同。借助于探测器的红外线观测，科学家们认识到了土星的庐山真面目。土星的平静只是表象，内部其实一直在翻腾和搅动。

土星的大气活动很强烈，形成的风暴比木星还要猛烈得多。土星赤道附近的风力很强，风速达到 1 440 千米 / 时，为太阳系中最高风速。土星北极则存在着一个六边形的风暴 (如图 6-12)，每一边的直线距离大约是 13 800 千米。这个风暴长期出现在北纬 78° 附近，是一个围绕着北极的六边形旋涡，也是长久维持的大型风暴圈。

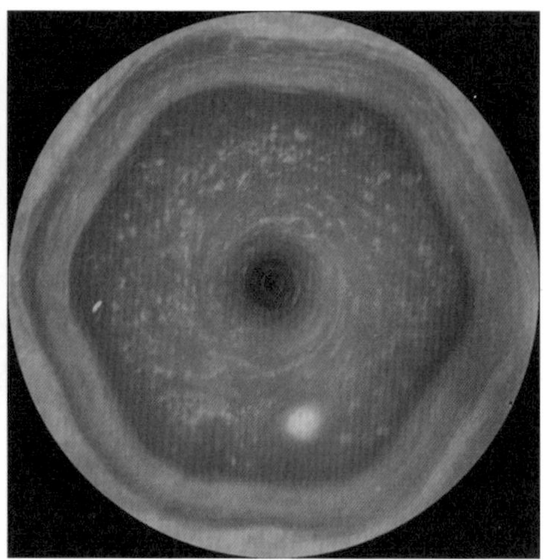

图 6-12　土星北极的六边形风暴

土星南极也盘踞着一个永久性的巨大风暴，规模超大的圆形旋涡，酷似飓风眼，有着清晰的眼壁（如图 6-13）。云团则位于眼壁上方 5 倍距离处的高空，围绕在风暴旋涡的边缘。

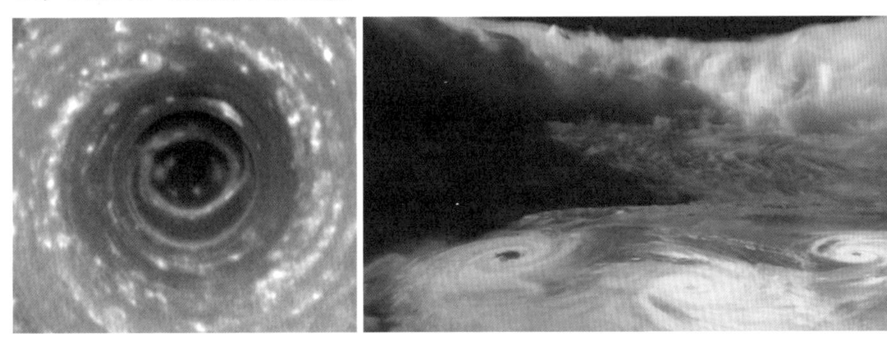

图 6-13 土星南极的风暴眼及其里面的圆形旋涡

五、内部热能之谜

科学家们认为，土星的内部结构（如图 6-14）与木星相似，有一个被氢和氦包围着的岩石核心，温度达到 11 700℃。岩石核心的构成与地球相似，但密度比地球更高。估计土星核的直径为 2 500 千米，质量约为地球的 9~22 倍，占土星总质量的 10%~20%。

图 6-14 土星的内部结构

土星核心的外围是更厚的液体金属氢层。再往外，则是液态氢和液态氦层。最外层是厚达 1 000 千米的大气层，包括 96.3% 的氢和 3.25% 的氦，还有氨、甲烷、乙烷、磷化氢等。上层的云由氨的冰晶组成，温度大约是 -153℃；较低层的云由硫化氢铵或水组成，温度大约为 -93℃。由于云层中飘浮着稠密的氨晶体，这使得土星的星体外貌呈黄色。

科学家们指出，土星内部很热，它向太空辐射的能量比从太阳接收的能量还要高出 2.5 倍，这应该就是土星狂暴天气的根本原因。但因土星质量不算很大，土星内部的热能并不像木星那样由内部高温高压产生。科学家推测，土星内部深处的氦“雨滴”在下降过程中，与低密度的氢气发生摩擦并产生热量。这应该就是土星内部热量的来源，而这些下降的液态氦已经积聚成围绕核心的氦层。

六、紫外极光现象

极光是由来自太阳的带电高能粒子流（太阳风）激发或电离行星高层大气分子或原子形成的。在行星磁场的作用下，这些高能粒子转向行星的极区，地球、木星和土星等都有极光现象。

土星磁场强度远不如木星，也比地球磁场微弱。因此，土星的磁层仅延伸至土卫六轨道之外。但土星上的极光显得神秘而明亮，盘旋成卷须状，与地球极光一样美丽（如图 6-15）。土星大气层中的氢分子与太阳风中

图 6-15 土星上的极光

的粒子相互作用可产生紫外极光，因此土星的极光现象需要通过天文望远镜才能观察到。根据观测记录，太阳风越强，土星的极光就越浓烈。土星的极光比地球上的极光明显大得多，覆盖区域约为地球极光的 3 倍。

科学家们研究发现，土星极光每天都在变化。有时能伴随土星自转而运动，有时却又保持静止，有时发亮能持续好几天，而地球极光一般只持续几分钟。此外，土星极光的最亮时刻是在黎明及午夜前夕。由此推断，影响土星极光的因素与地球和木星的不完全相同，这还有待进一步的研究。

七、特色卫星

土星拥有许多卫星。目前科学家们已经确认的土星卫星已经超过 80 个。可见土星的卫星家族最为庞大，是太阳系拥有卫星最多的行星。

土星的众多卫星大小不一。其中大小确定的，有 34 颗半径小于 5 千米，有 13 颗半径为 5~25 千米，有 11 颗半径为 25~150 千米，它们都属于小卫星。还有 6 颗半径为 200~750 千米，属于中型卫星；有 1 颗半径为 2 575 千米的大卫星。最新发现的 20 颗卫星，它们的半径都很小，估计仅仅为 2.5 千米左右。

目前，人类对土星的卫星们掌握的数据不多。借助于“卡西尼”号探测器，科学家们对其中的土卫六和土卫二有了许多新发现。

（一）卫星亚军土卫六

土卫六（Titan）是土星最大的卫星，也是太阳系第二大卫星，仅次于木卫三。从太空观察，土卫六外表朦胧，呈现出神秘的橘色（如图 6-16）。

土卫六的赤道半径约为 2 575 千米，质量达到 1.35×1 020 吨。可见土卫六的体积比水星还要大。如果它不是沿着轨道绕行土星，肯定会被升级成为行星。

图 6-16　神秘的土卫六（左图是从外围拍摄，右图为表面近照）

图 6-17　橘红色的土卫六

借助于“卡西尼”号和“惠更斯”号探测器，土卫六的许多秘密得以揭示出来。土卫六具有稠密的大气层，厚度达 400 千米以上，大气密度为地球的 5 倍。组成大气的主要成分是氮，占 98%，其他的是甲烷（约占 1%）和少量的乙烷、乙烯及乙炔等气体。整个星球笼罩在浓厚的橘红色烟雾中（如图 6-17），这可能是漫长演化过程中阳光与富含氮和甲烷的浓厚大气相互作用的结果。

土卫六与地球一样，拥有固态的“地表”。从探测器拍摄的照片看，它的光影斑块景观与地球上的海洋和陆地景观极为相似（如图 6-18）。土卫六“地表”上有蜿蜒的河道，有明亮的山峰，有树枝状水系（如图 6-19），有各种岩石等，景色非常壮观。

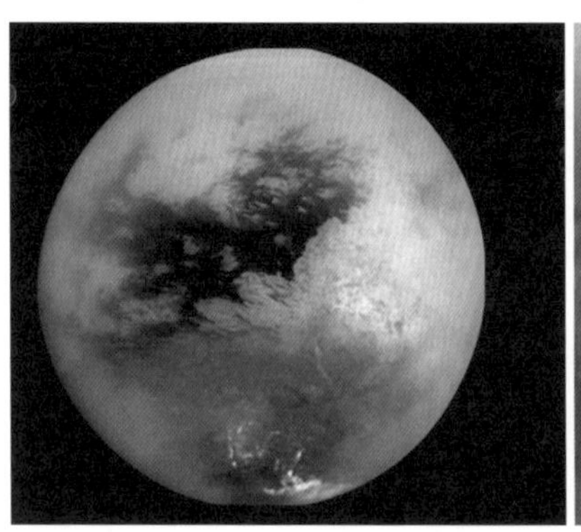
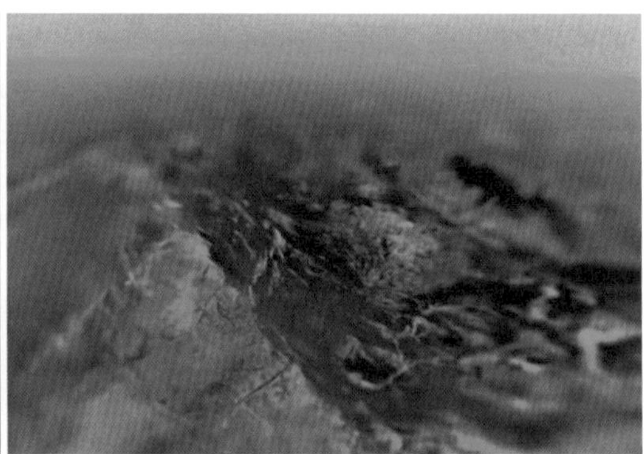

图 6-18　土卫六的光影斑块景观

图 6-19　土卫六上与地球相似的树枝状水系

进一步的探索研究表明，土卫六表面温度极低，约为 -179℃。它的“地表”流动着液体，但不是水，而是甲烷或乙烷等液态天然气的组成物质。所以，土卫六上的河流不是地球上的河流，而是甲烷河流（如图 6-20）；土卫六上的海洋也不是地球上的海洋，而是液态甲烷海洋。照片上的地貌景观都是由甲烷雨雕刻而成的。由此可见，这个外表酷似地球的世界，与地球的环境特征迥然不同，这里的液态天然气储量丰富，远远超出人们的想象。

图 6-20　土卫六“地表”上的甲烷河流

科学家们还有更为惊人的发现。土卫六的北极有着巨大的甲烷或乙烷湖泊（海洋）；“地表”上还有火山（如图 6-21），喷出物是氨和水的化合物；赤道两侧则是规模庞大的广阔沙漠，分布着绵延不绝的巨大沙丘（如图 6-22），看上去与地球上的沙丘没有什么两样。土卫六赤道的沙漠面积大约占据了“地表”总面积的 20%。科学家们深入分析认为，组成沙丘的沙粒可能来源于上层大气，估计是漫长演化年代中狂风作用形成的。而且，这些沙丘富含有机物，是地球上煤矿总储量的数百倍。

图 6-21　土卫六“地表”上的火山

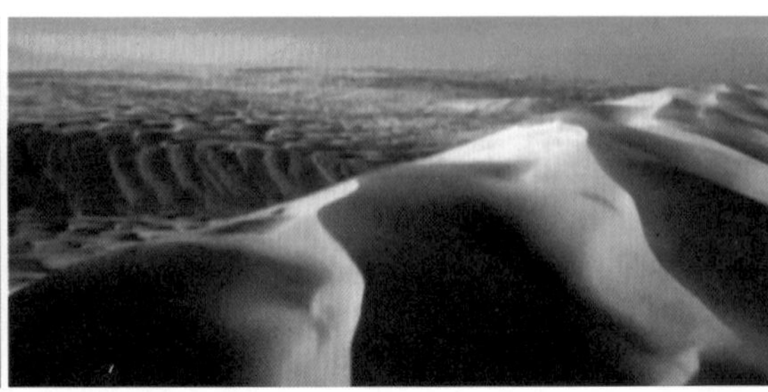

图 6-22　土卫六赤道附近的巨大沙丘

（二）冰美人土卫二

土卫二被称为恩克拉多斯（Enceladus）。它是一个被冰覆盖的“美人”，具有冰冷的白色外壳，闪闪发光（如图 6-23 左）。它显得非常明亮，如同覆盖着一层雪。这颗明亮的卫星躲在土星的 E 环里，它的体积很小，赤道半径只有大约 250 千米。

土卫二的表面到处都有裂缝（如图 6-23 右）。“地表”上有山脉，有深邃的沟壑，高低不平。它的裂缝会喷出“蒸气”，包含水蒸气和二氧化碳。探测器观察到，它的南极有一排排的巨大间歇泉，将大量液态水和冰晶从雪白的“地表”喷向太空（如图 6-24）。

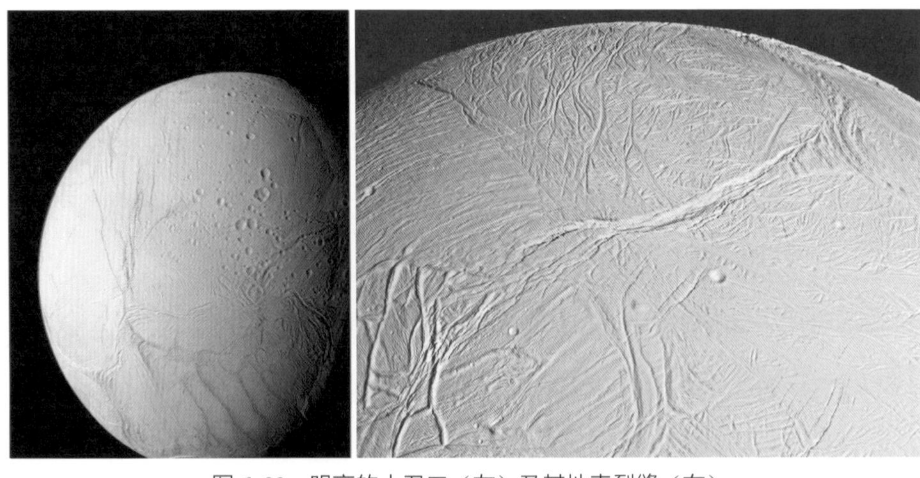

图 6-23　明亮的土卫二（左）及其地表裂缝（右）

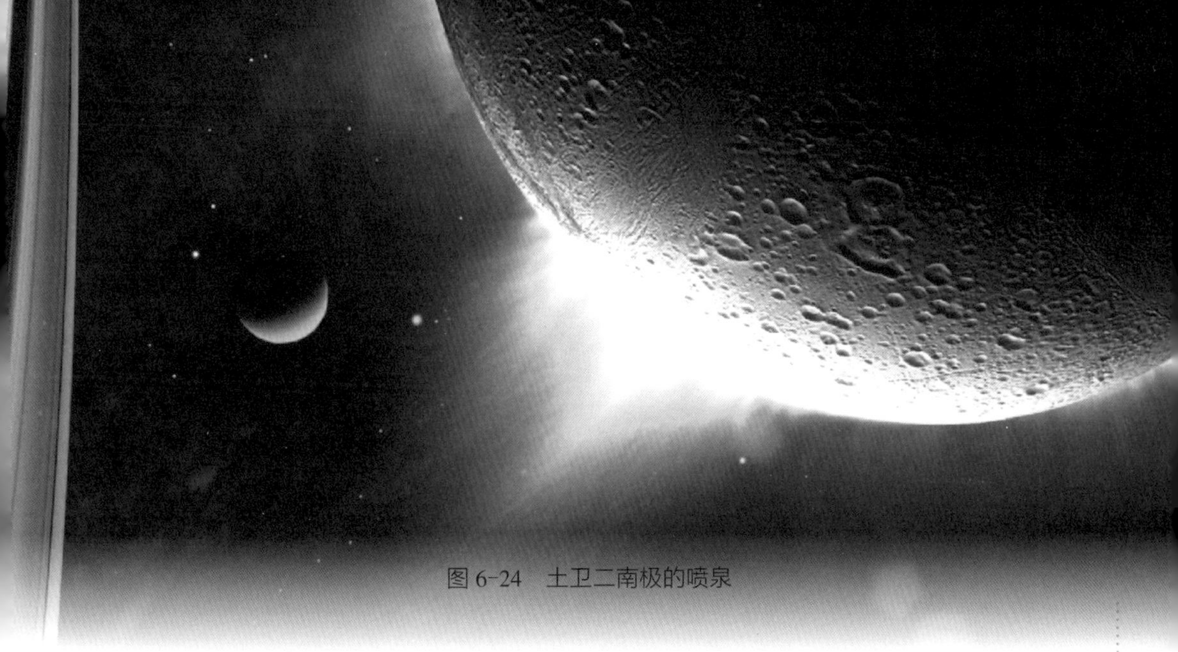

图 6-24　土卫二南极的喷泉

由于距离太阳太远，土卫二的“地表”气温较低，但地下很热，连南极都很热。目前最明显的迹象显示，土卫二的喷泉来自地下海洋，或是深藏在南极冰壳下因潮汐引力作用而加热升温的深海热液。科学家们分析认为，土卫二的地下热源导致了水的产生，水可能与氨和其他物质混合，结果导致水的熔点降低，因此液态水能大量喷涌出“地面”，然后向上喷入太空。“卡西尼号”探测器的探测结果显示，这些喷出物中含有甲烷、氮、氨和有机分子，是真正的混合物。大量有机混合物被喷到冰冷的太空中，喷射高度能达到成千上万千米，一直喷到土星外的轨道上，为土星 E 环提供了组成物质。

土卫二的冰火山爆发，壮观至极（如图 6-25）。冰粒和水蒸气被喷入太空，比地球上的普通喷泉高数千倍，是太阳系中最壮观的大喷发。相比之下，地球上的喷泉只能说是小水枪。科学家从火山的冰中找到了盐和简单的有机物，显示冰下的水既温暖又富有养分。

图 6-25　土卫二南极喷泉示意图

八、人类探访土星？

了解了土星的各项特性，以及土星的奇特卫星们，很多人都很向往，想去看看美丽的土星环，也想去土卫六看看那些与地球极度相似的沟壑和山谷、冲刷山地的甲烷河流，还有土卫二巨大的冰喷泉等。甚至已经有人在付诸行动，如练习自主操作热气球等。

特别是土卫六，它拥有具保护作用的大气层和大量冻冰，很可能比火星更适合人们前往。土卫六的大气层很稠密，温度低，重力小，风力也不大，应该很容易操控热气球。它离地球比较远，环境冰冷，但人类只需带上保暖设备和氧气设备，就可以到土卫六的“地表”上活动，还可以搭乘热气球四处飞行，体验真实的奇异外星世界（如图 6-26）。就算万一出现装备损坏，也不会有生命危险。

图 6-26　想象搭乘热气球在土卫六上飞行

试想一下，如果你可以登陆土卫六，站在潺潺的甲烷溪旁，甲烷液体从你脚边流过，会听到什么样的声音？会闻到什么样的气味？会有怎样的感受？

土星是太阳系第二大行星，因自带光环而成为太阳系最美丽的星球。它还是能“浮”在水面上的气体巨星，不管是科学研究，还是旅游观光，它都是完美的目的地。它的绝世风华正吸引着人们不断地展开新的探索和研究。

Part 7

天王星和海王星

天王星和海王星都是巨大的气体行星，且是太阳系最偏远、最寒冷的行星。它们都比地球大，都属于类木行星，也都拥有行星环，外观都显得神秘而美丽，但各有千秋。由于内部和大气构成与气态巨行星（木星和土星）不同，冰的成分超越了气体，因此天文学家称它们为冰巨星。

★躺着公转的天王星★

天王星（Uranus）为太阳系八大行星之一，是太阳系由里到外的第七颗行星。天王星的英文名来自古希腊神话故事中的天空之神乌拉诺斯，是太阳系中唯一按古希腊神话故事人物取名的行星。它被发现的时间很晚，是英国的威廉·赫歇尔于 1781 年 3 月 13 日用望远镜发现的。它是第一颗人类使用望远镜发现的行星。

从太空观看，天王星显得雅致、庄重而平静，像是笼罩在蓝绿色云雾中的超级大球（如图 7-1），但却几乎是躺着围绕太阳在运转。到底是什么原因导致天王星具有这种特别的表现呢?

图 7-1　天王星具有蓝绿色的外观

一、怪异的自转轴

我们知道，太阳系的八大行星都沿着各自的轨道，在近乎相同的平面上自西向东绕着太阳运行（公转）。而且，大多数行星都像陀螺一样绕着近似竖直的轴做逆时针旋转（自转），只有天王星与金星做顺时针的自转。更加怪异的是，天王星的自转轴是横躺着的（如图 7-2），这使它的公转方式仿佛是在运行轨道上慢慢地滚动。因此，它的两极不停地面向太阳或背向太阳。

天王星的公转速度很慢，公转周期相当于地球上的 84 年，这使它的季节变化完全不同于地球。在冬至日或夏至日前后，它的一个极点会持续面向太阳，另一个极点则背向太阳，只有赤道附近狭窄的区域才会发生迅速的日夜交替，但太阳高度则很低，如同在地球的极地；其余地区则是漫长 42 年的白昼或黑夜，没有日夜交替的变化。当它运行到轨道的另一侧时，换成另一极点面向太阳，进入漫长的 42 年极昼，另一极则进入 42 年的极夜。因此，天王星每个季节的持续时间很长，达到 21 年之久。这与地球上的季节变化大相径庭。

图 7-2　各大行星的自转轴都是近似竖直的，只有天王星的是横躺着的

天王星的自转速度则比较快，自转周期是 17 小时 14 分钟。由于自转轴横躺着的特殊表现，使得它的自转很独特，像是倾倒在公转轨道上滚动。科学家们分析认为，这种不寻常的表现是由于在太阳系的形成早期，它曾受到大量天体的撞击。而这些撞击也使得它的核心热量向外扩散，以致它的内热

大量损耗，从而降低了内部温度。

二、太阳系第三大行星

天王星的赤道半径约为 25 559 千米，大约是地球的 4 倍。这使它拥有巨大的外形，成为太阳系里体积第三大的行星（仅次于木星和土星），大约是地球体积的 64 倍（如图 7-3）。所以它也是地球上的人们用肉眼能看到的最远的行星。只是它的质量在太阳系的行星中排名第四位（见表 1-1），约是地球的 14.64 倍。

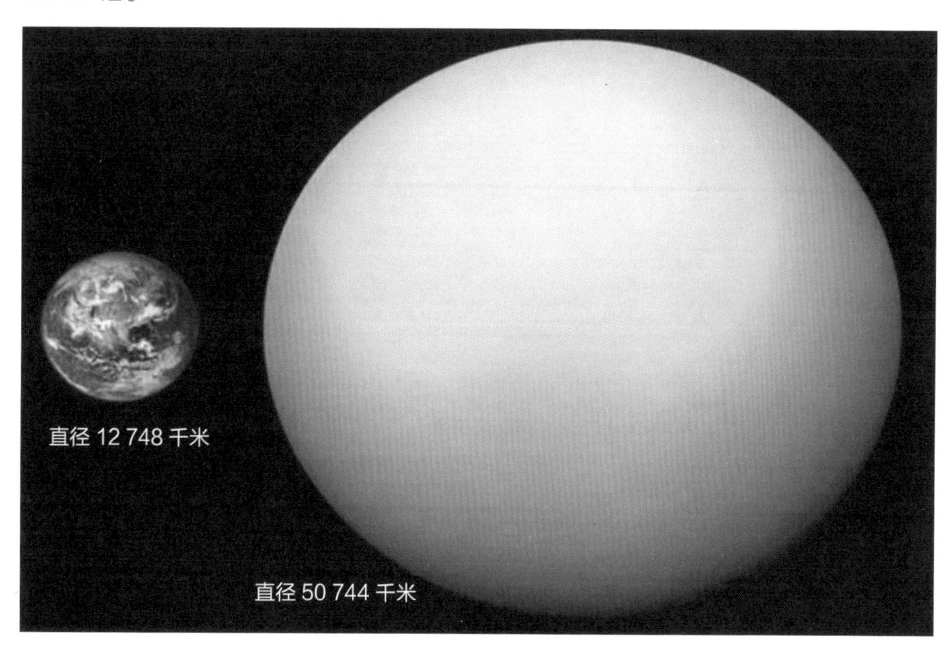

图 7-3　天王星与地球外形比较

三、雅丽的蓝绿色星球

天王星的顶层大气是甲烷云层。甲烷对于人类是有毒气体，但却能吸收太阳光中的红光，反射蓝光（如图 7-4）。这使天王星成为一颗蓝绿色的行星，显得优雅静谧，漂亮可人。

很显然，天王星有着令人喜悦的雅致外表，但它却是个臭味熏天的星球。这是因为，它的高层大气中还含有很多硫化氢和氨，有很重的屁臭味和尿臭味。因此，天王星对于人类来说，不仅有毒气，而且有臭气。但这些并不能掩盖它外表的漂亮，阳光下的天王星宛如一颗空中翡翠，闪烁着奇特的珠宝光芒（如图 7-5）。

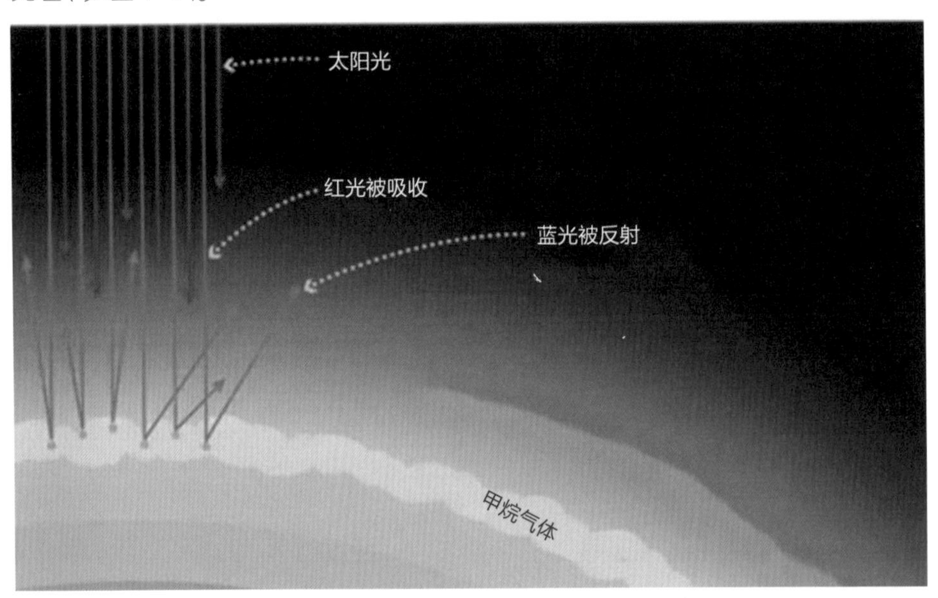

图 7-4　甲烷云层能吸收太阳光中的红光，反射蓝光

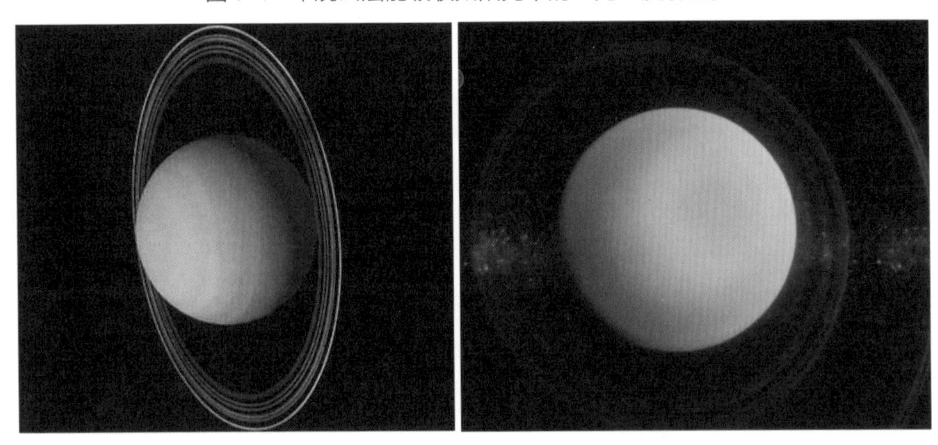

图 7-5　太空中的天王星如同美丽的翡翠

四、最寒冷的行星

天王星与太阳的平均距离约为 28.8 亿千米，大约是日地距离的 20 倍。

因此，它所接受的太阳辐射远比地球少，表层温度很低。它的表面温度平均为 -220.15℃，最冷时为 -224℃。可见它在太阳系八大行星中是最冷的，比更遥远的海王星还冷。科学家们认为，这除了它接受太阳辐射少之外，与它本身的内部热能低也有关系。例如，木星的核部温度超过 3 万℃，而天王星的平均约为 4 727℃。

五、组成物质与内部结构

天王星的主要组成物质包括岩石和各种成分不同的水冰物质，其中最主要的是氢（约占 83%），其次是氦（约占 15%），其他还有许多水、氨和甲烷（约占 2%）的混合物。

有科学家认为，天王星的标准模型结构包括 3 个层面：中心是由岩石构成的核，中间是由冰构成的地幔层，最外面是氢和氦组成的大气层（如图 7-6）。

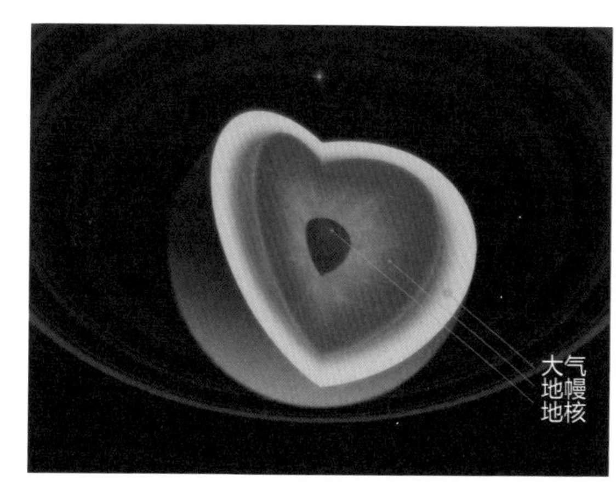

图 7-6 天王星的理论模型结构

天王星的外部大气层具有复杂的云层结构，其中最低层主要由水冰组成，最高层则是甲烷云层。中间的地幔层主要由冰所组成。这些冰是由水、氨和其他挥发性物质组成的热且稠密的流体，具有高导电性，有时被称为水－氨的海洋。内核岩石中还有冰，岩石中金属元素的分布则比较均匀。

有科学家根据“旅行者 2 号”探测器的探测结果，推测天王星上可能有一个深度达 1 万千米、温度高达 6 000℃以上，由水、硅、镁、含氮分子、碳氢化合物及离子化物质组成的液态海洋。由于天王星上巨大而沉重的大气压力，使分子紧靠在一起，使得这高温海洋未能沸腾及蒸发。而正是由于海洋的高温，恰好阻挡了高压的大气将海洋压成固态。海洋从天王星高温的内核（温度最高可达 6 650℃）一直延伸到大气层的底部，覆盖整个天王星的地幔层。只是，这个海洋与我们所理解的地球上的海洋完全不同。但也有科学家持反对意见，认为天王星上不存在这个海洋。真相如何，有待进一步的探索研究。

六、暗淡而美丽的行星环

作为类木行星，天王星与木星和土星一样拥有自己的行星环。它的光环像木星环一样暗，但又像土星环一样具有比较大的直径。据观测，天王星共有 13 个行星环，非常微弱，看起来薄如蝉翼。主环很细很窄，环与环之间的间隔很宽，总体上显得很暗淡。

细看天王星环，可知它们是由直径约 10 米的黑暗粒状物所组成，其中最外面的环主要由直径为几米到几十米的冰块所构成（如图 7-7）。这些组成颗粒有可能来源于因高速撞击或被天体引潮力撕碎的卫星碎片。相比土星环，天王星环对太阳光的反射率很低，但它们类似摩天轮式的奇特运转方式，使环的形状显得美丽非常（如图 7-8）。

图 7-7　天王星的行星环组成物质

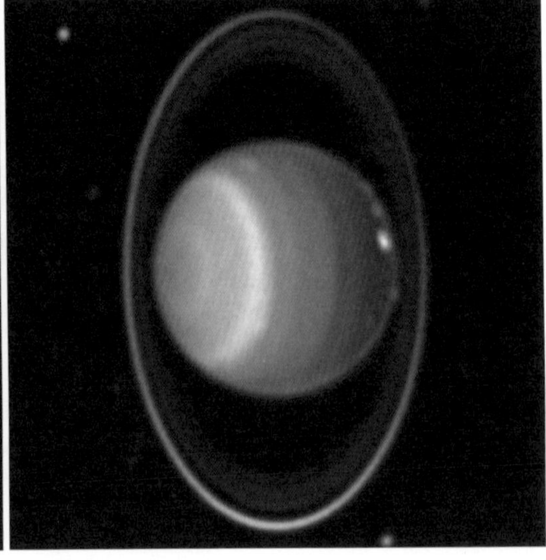

图 7-8　美丽的天王星环

七、太阳系第三大“卫星家族”

最新的数据显示，天王星拥有 27 颗天然卫星，在太阳系行星拥有卫星数排行榜上名列第三位。但这个“卫星家族”的成员们都不大。在太阳系前二十大卫星（如图 7-9）中，有五个成员入选，从大到小分别是天卫三、天卫四、天卫二、天卫一和天卫五（如图 7-10）。

天卫三（Tatania）是天王星最大的卫星，也是太阳系第八大卫星。它的直径约为 1 577 千米，还不及月球直径的一半。科学家们研究推测，它的组成物质主要是冰（约占 50%）和硅酸盐类岩石（约占 30%），剩下 20% 是甲烷类化合物。而它的表面温度大约为 -210℃，这使甲烷得以固态形式存在。此外，它的表面有开裂现象，分布着数千千米的大峡谷，且覆盖着火山灰。

天卫四（Obeon）是天王星第二大卫星，距离天王星最远，同时也是太阳系第九大卫星。它的直径约为 1 523 千米，组成物质主要是冰（固态水）和岩石，而且比例相当。科学家们推测，冰和岩石在天卫四的内部具有明显的分层，内核由岩石构成，地幔部分则是由冰所构成，而在冰和内核之间，可能存在一个液态的区域。由于长年受到星体撞击，它的表面布满撞击坑，仿佛

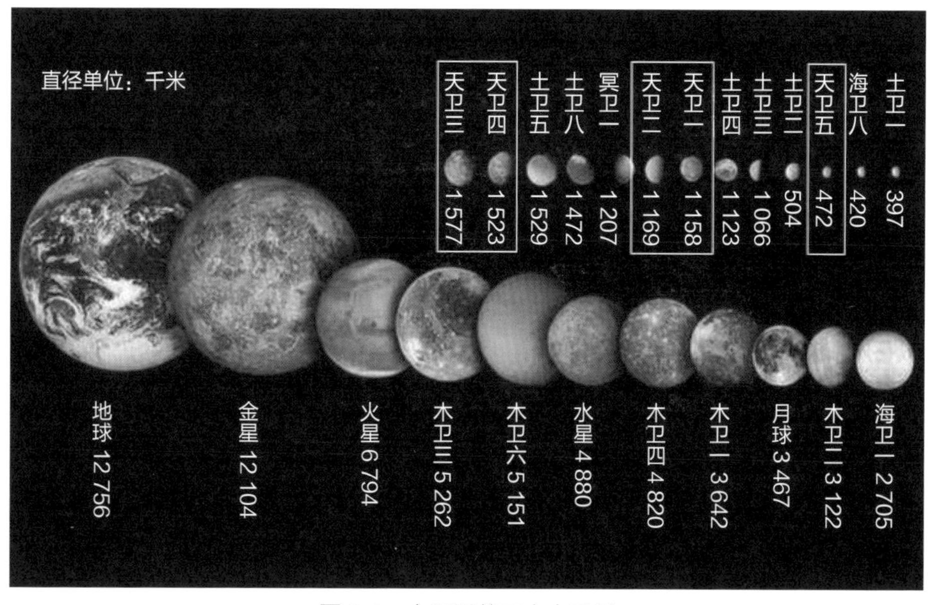

图 7-9　太阳系前二十大卫星

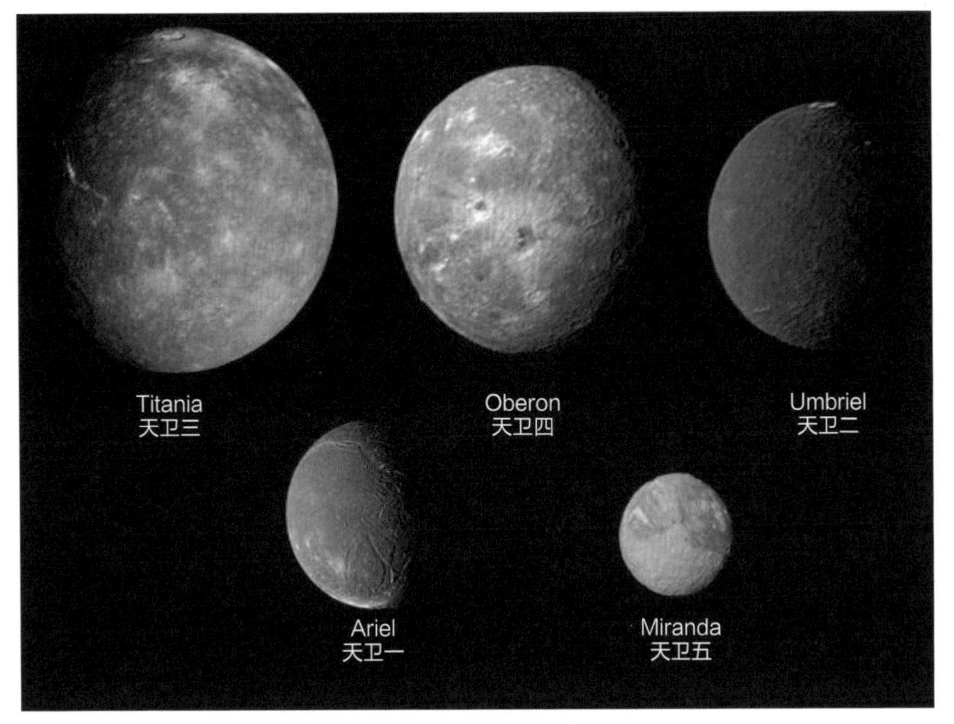

图 7-10 天王星的五颗大卫星

一个大麻脸，并且呈现暗红色。

天卫二（Umbriel）是天王星第三大卫星，也是太阳系第十三大卫星。它的直径约为 1 170 千米，组成物质同样是等量的冰和岩石，密度较小，表面分布着火山口“地形”，起伏强烈。此外还布满了陨石坑，最大的直径约为 112 千米，名为“荧光杯”。它的表面反射率很低，是天王星大卫星中最暗的一颗。

天卫一（Ariel）是天王星第四大卫星，也是太阳系第十四大卫星。它的直径约为 1 158 千米，组成物质主要是 70% 的冰和 30% 的硅酸盐，密度较小。它的表面温度低达 -213℃，因此它的冰既有水冰，也有固态二氧化碳和甲烷的冰。由于这些冰能强烈反射太阳光，使天卫一成为天王星最明亮的卫星。此外，它的表面还有“冰火山”，且能形成冰火山流。

天卫五（Miranda）是天王星第五大卫星，也是太阳系第十八大卫星。它的直径约为 473 千米，很小。它的主要组成物质是硅酸盐岩石和碎冰，表面“地形”十分复杂，有众多的山地和峡谷，以及大量的巨大沟槽结构。有高达 6 千米的悬崖，还有深 16 千米、宽 20 千米的峡谷。

★遥远的海王星★

海王星（Neptune）为太阳系八大行星之一，是太阳系由里到外的第八颗行星。由于它在八大行星中离太阳最远，故被称为远日行星。人类只能通过望远镜观察它，迄今只有“旅行者 2 号”探测器在 1989 年 8 月 25 日飞过时探访了它。

海王星的英文名来自罗马神话中的海神尼普顿（Neptune），源于它海蓝色的外观。从太空观看，海王星表现出美丽的蓝色（如图 7-11）。

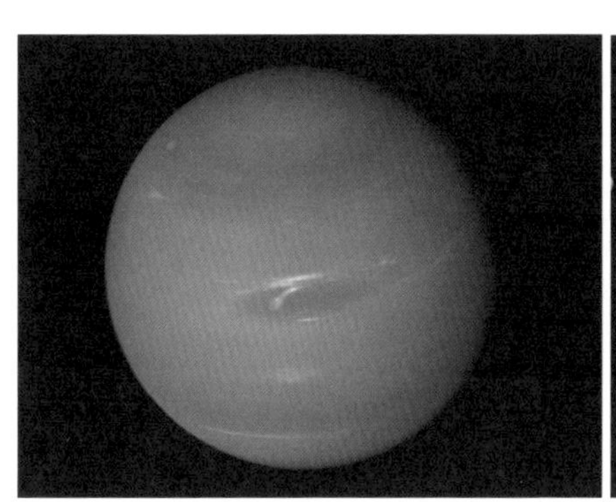

图 7-11　蓝色的海王星

八、太阳系第四大行星

海王星的赤道半径约为 24 766 千米，大约是地球的 3.9 倍。它的体积在太阳系行星中排第四位（稍小于天王星），大约是地球体积的 58 倍（如图 7-12）。它的质量在太阳系的行星中排名第三（见表 1-1），约是地球的 17 倍。

海王星绕太阳公转的速度很慢，公转一周的时间是 164.8 年。它的自转速度则很快，自转一周只需要 15 小时 57 分 59 秒。

海王星于 1846 年 9 月 23 日被发现，是人类通过数学计算、预测并发现的唯一行星。原来，科学家们观测天王星时，发现天王星的轨道和原来计算好的轨道有点对不上，好像受到一个巨大天体的影响。后来通过计算，估计在天王星后面还有一颗巨大的行星。最后终于通过望远镜发现了它。在间接探测天体方面，海王星的发现可以说是一件里程碑事件。

图 7-12　海王星与地球的大小比较

九、寒冷的蓝色星球

海王星与太阳的平均距离为 44.96 亿千米，是日地距离的 30 倍，这使它所接收到的太阳辐射只有地球的 19%。因此，它是一个寒冷的星球，它的大气层顶端温度只有 -218℃。它的表面绵延覆盖着厚度达几千千米的冰层，它的外表则围绕着浓密的蓝绿色大气。

海王星的大气层中，约有 84% 的氢气，13% 的氦气，3% 的甲烷，此外还有少量的氨气。它看起来与地球一样，是一颗蓝色的星球，像海洋一样美丽（如图 7-13）。它的蓝色比天王星的更为鲜艳，其中的原因除了甲烷吸收红光的作用，科学家认为应该还有其他成分的贡献，但这还有待进一步的探索。

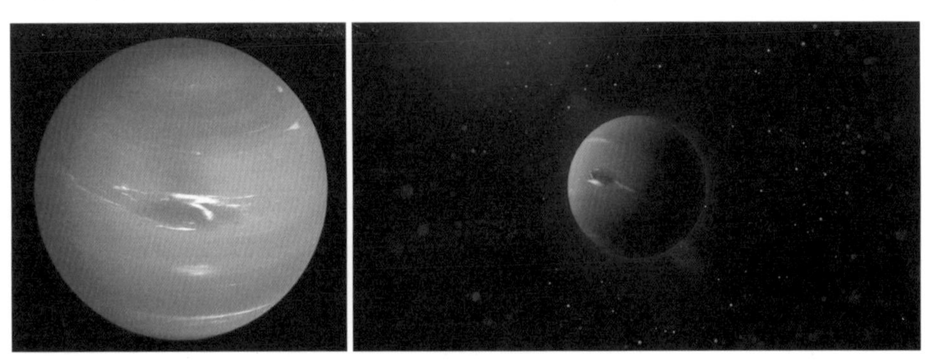
图 7-13　如海洋一样美丽的海王星

十、太阳系最猛烈的狂风

海王星的大气层动荡不定，大气中含有由冰冻甲烷构成的白云，大面积的气旋活动经常发生。根据探测资料分析，海王星上的风很强烈（如图7-14），测量到的一般风速在1600千米/时以上，最高风速竟然达到2 100千米/时，比其他行星的都高，包括木星和土星。可见它拥有太阳系最强猛的狂风。

图7-14　海王星上运动的云层

海王星处于太阳系的外围，所接受的太阳辐射远比地球上的弱，但大气活动却这么强烈，这与人们的预测不符。科学家们普遍认为，行星离太阳越远，获得的太阳光越弱，驱动气流运动的能量就越少，风速也就越小。但海王星上的风速却这么大，明显是一种反常现象。深入分析认为，海王星上的阳光是很微弱，但它内部有热能，因此很容易形成暖风。由于没有突出的“地表”阻挡，暖风如同喷发的气流，可以肆意横行并逐渐增强，风速随着时间的推移逐渐达到了惊人的程度。至于它内部热能的来源，有可能是内核的放射热源，或是它在当初形成时吸积盘塌缩的能量残留等。

十一、大暗斑

太空中的海王星，闪耀着荧荧的蓝色光芒，白色的云层点缀其中。1989年“旅行者2号”探测器飞掠经过时，发现了它的南纬22°附近有一个大暗斑，看上去像漩涡里的一滴墨水（如图7-15），大小与地球相似。实际上，这

是一个风暴系统，类似木星上的大红斑，仿佛是一个巨大的空洞，由旋转的暴风在云层上方形成，下方则是更黑暗的云层。大暗斑绕着中心做逆时针旋转，每转 360° 需要 10 天。但它看上去很不稳定，好像随时都会消散，后续的观察发现它在 5 年后消失了，而后出现的更多斑点随后也消失了，显示海王星大气活动的激烈程度。这当中的原因还有待后续的探索。

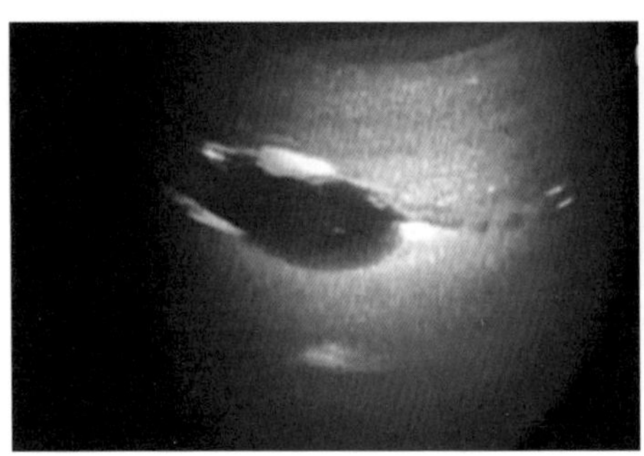

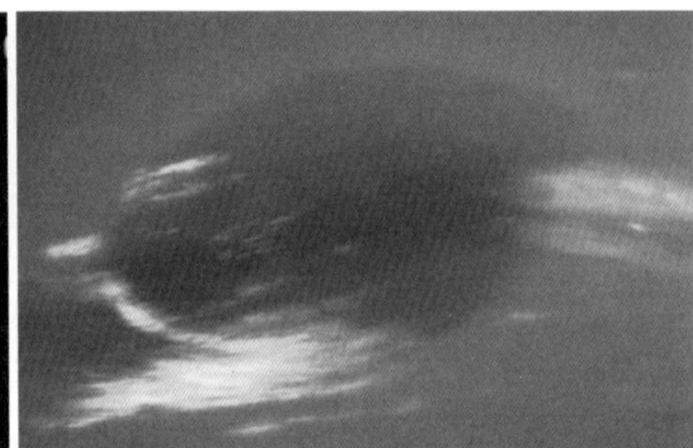

图 7-15　海王星上的大暗斑

十二、内部结构与组成物质

海王星的内部结构（如图 7-16）与天王星相似。它的外部大气层包括大约从顶端向中心的 10%~20% 的区域，甲烷、氨和水的含量随高度降低而增加，越往内部温度越高，密度越大，逐渐过渡为地幔层。它的地幔层很大，总质量相当于 10~15 个地球，富含水、氨、甲烷等成分的混合物，是高度压缩的过热流体冰，也称为水 - 氨大洋。在某些深度温度足够高，甲烷可以变成金刚石晶体。它的内核是一个由岩石和冰构成的混合体，主要成分是铁和其他金属物质，温度可能达到 5 000℃，质量与地

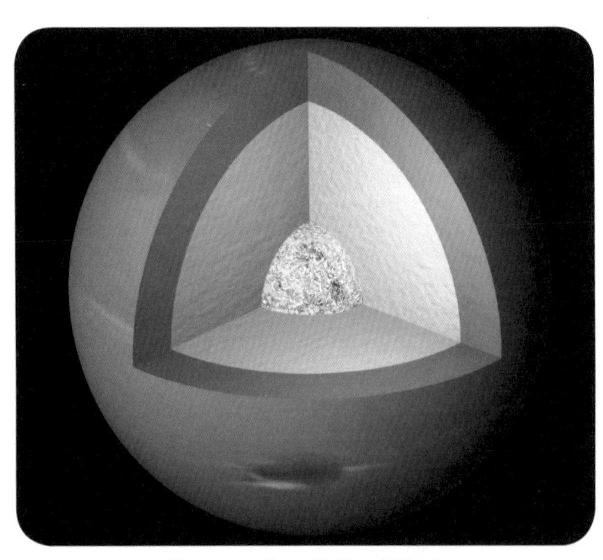

图 7-16　海王星的内部结构

球相仿。

海王星的组成物质与天王星相似，由岩石和各种水冰所组成，其中包括丰富的碳元素，占物质总量的 10%。这些碳元素常常会形成单晶质矿物，最常见的就是金刚石和石墨。在海王星内部的高温高压环境下，碳质矿物常变成金刚石，也就是人们熟悉的钻石。钻石是一种坚硬物质，很难被熔化。科学家们对钻石的熔点进行详细测试表明，在足够高的温度和压力条件下，钻石一样可以变成液态和固态，但意外发现了固态钻石可以漂浮在液态钻石的表层，如同钻石冰川一样。这给了人们很大的想象空间，在海王星上或许存在着液态钻石海洋。当然这有待后续的探索和研究。

十三、暗淡的行星环

我们知道太阳系的木星、土星和天王星都有行星环，海王星是否也有呢？答案是肯定的。探测器的观测已经证实，海王星的确有着稳定且完整的行星环（如图 7-17），表现为暗淡的蓝色圆环。环的数量有 5 个，从内向外依次命名为加勒环、列维尔环、拉赛尔环、阿拉哥环和亚当斯环。

图 7-17　海王星具有稳定且完整的行星环

从太空观察，海王星的行星环远远不及土星环漂亮，也不均匀，有些部分很亮，有些部分很暗（如图 7-18）。在地球上只能观察到暗淡模糊的圆弧，看不到完整的光环。

海王星的环主要由冰和硅酸盐等物质所组成。暗环的组成物质对日光的反射率极低，与土星环的明亮冰环截然不同。靠近海王星的 3 个环隐藏在尘埃中，比较暗；外部的环则呈现明显的弧状，沿弧有紧密积聚的物质。其中有 3 段显著的弧，被命名为“自由、平等、博爱”。但具体还需要人们更多的探测和研究。

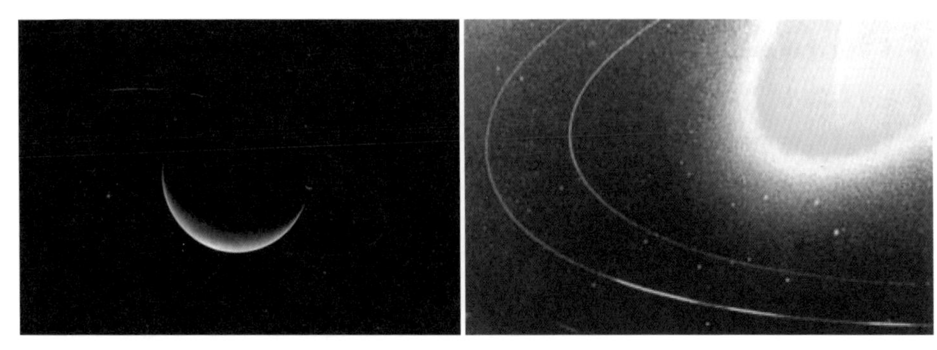

图 7-18　海王星不均匀的行星环

十四、等待探索的卫星们

海王星有 14 颗已知的天然卫星，直径最大的达到 2 720 千米，最小的在 28 千米以下。在太阳系前 20 大卫星（如图 7-9）中，只有海卫一和海卫八入选。

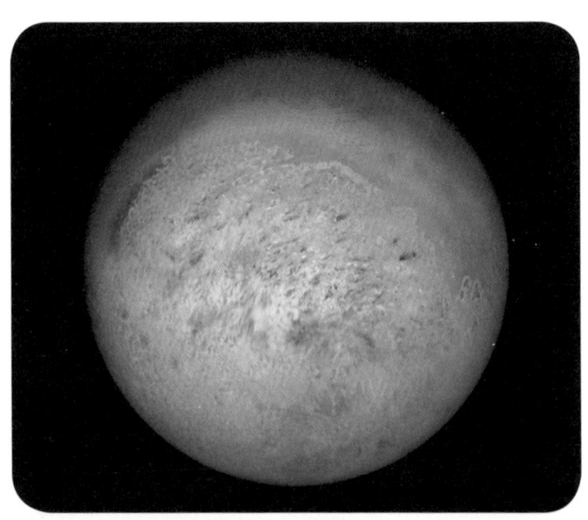

图 7-19　海卫一

图 7-20 “旅行者”2 号探测器拍摄的海王星和海卫一

海卫一是其中最大的卫星（如图 7-19、图 7-20），在太阳系前 20 大卫星中排名第 7 位。它很特殊，表面温度为 -235℃，明显是太阳系中被测量的最冷天体。它的直径比月球略小，是太阳系中 4 个有大气的卫星之一。它离海王星较近，但却是逆行的。探测器的观察发现，海卫一几乎具有行星的一切特征：它具有行星所有的天气现象，它的大气由氮和甲烷组成；它具有类似行星的地貌和内部结构；它应该是由硅酸盐类岩石和冰等物质组成的，表面分布有大量的陨石坑；它的极冠比火星的还大；它表面的火山也在活动，并且有冰火山喷发；它还具有行星磁场。海卫一运行于逆行轨道，说明它是被海王星捕获的，之前可能是柯伊伯带中的天体。

图 7-21 海卫八

海卫八是形状不规则的卫星（如图 7-21）。它的质量只是海卫一的 1/400，直径约为 420 千米，在太阳系前 20 大卫星中排名第 19 位，但却是太阳系最大的不规则卫星。

目前对海王星的卫星们掌握的资料和数据还很少，有待人们继续的探索和研究。

至此可见，天王星与海王星就像一对姐妹星球（如图 7-22）。它们都处于太阳系的外层空间，都有着极其寒冷的环境，但都具有瑰丽的外貌、相似的内部结构，以及相似的大气层。甚至它们的大气层以下都是由各种“冰”组成的。这些“冰”的成分很复杂，包含了甲烷、氨和水冰等。在高温高压条件下，这些“冰”不是固态的，而是稠密炽热的特别流体。这也是她们区别

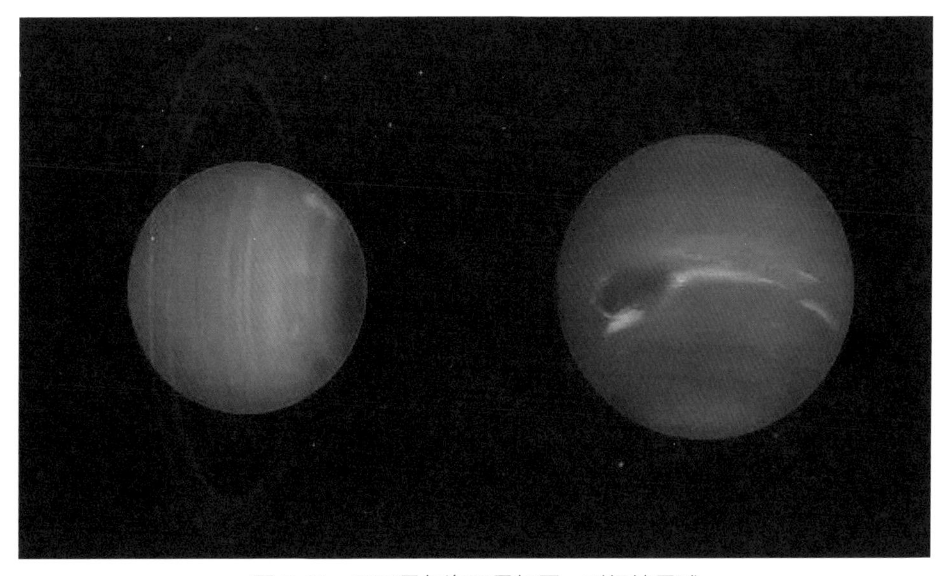
图 7-22 天王星与海王星如同一对姐妹星球

于木星和土星的不同之处。

这两颗行星如同寒冷的“冰美人”，在太阳系的遥远空间，神秘莫测。天王星有着怪异的公转方式，海王星则有着大暗斑。人们估计它们内部还会下“钻石雨”，甚至还有钻石海洋和钻石冰川。

实际上，人们对这两个行星的认识还很有限，有待后续深入的探索。

Part 8

矮行星和小天体们

我们知道，太阳系是由太阳与周围的行星及众多其他天体一起组成的行星系统。根据 2006 年国际天文学协会提出的定义，行星是指围绕太阳运转、自身引力足以克服其他应力而呈圆球状、并且能够清除运行轨道附近其他物体的天体。在前面各个篇章中，我们已经对太阳系及其中的太阳、八大行星及其卫星们分别做了描述和介绍。而组成太阳系的众多其他天体，指的是矮行星和众多的小天体，包括小行星、彗星等。

一、矮行星

矮行星是天文学家们于 2006 年提出的天体新类别，它是指围绕太阳运动，自身引力足以克服其他应力而使自己呈圆球状，但却不能清除其轨道附近其他物体的天体。这一概念是基于过去几十年人类对太阳系不断的探索认识而确立的，这当中涉及冥王星的“降级”事件。目前太阳系的矮行星共有 5 颗，它们就是冥王星、谷神星、阋神星、妊神星和鸟神星（如图 8-1）。

（一）被“降级”的冥王星

冥王星（Pluto）曾经是太阳系的九大行星之一。在 2006 年以前，世界各国的人们都将太阳系有九大行星作为常识（如图 8-2）：包括前面各篇章描述的八大行星，以及排在最末位的冥王星。

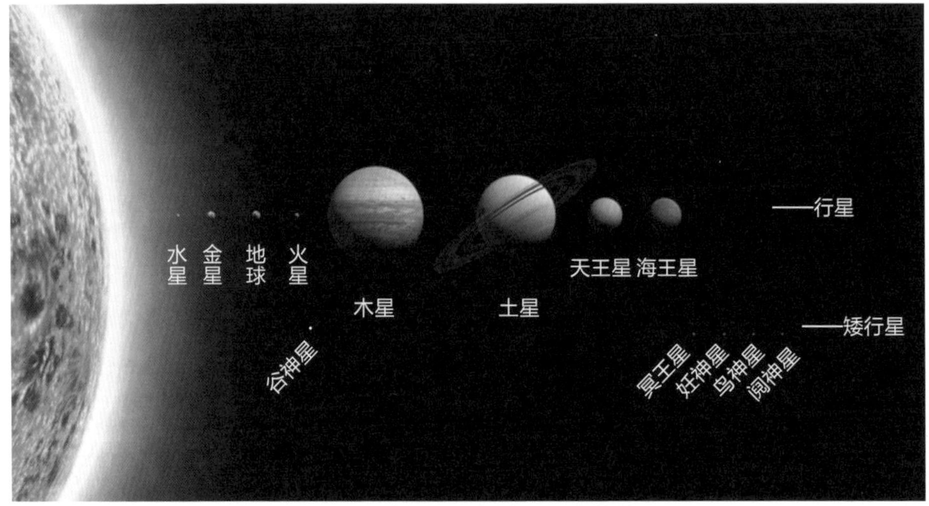

图 8-1　五大矮行星在太阳系中的位置

图 8-2　人们以前认为太阳系有九大行星

1. “降级”事件

冥王星是美国天文学家克莱德・汤博于 1930 年发现的。由于受到当时观测仪器的限制，科学家们估错了它的质量和体积，认为它比地球大，于是将它定归为行星。所以，人们一直把它当作大行星看待，并且被世界各国写入科学教科书中。太阳系的“九大行星”曾家喻户晓。

时至今天，我们知道冥王星其实比地球小，它的直径只有 2 370 千米，是地球直径（12 756 千米）的 18.6%；它的质量为 1.473×10^{22} 千克，是地球质量（5.965×10^{24} 千克）的 1/400。由此可见，冥王星是一颗很小的星球，比我们所熟悉的月球还要小。

另一方面，冥王星虽然与八大行星一样绕太阳运行，但它的运行轨道却很特别。首先，它的运行轨道面是倾斜的（倾斜角度大于 17°），与八大行星的轨道不在同一平面上，差别很大；其次，它的轨道形状是扁长的椭圆形，这与八大行星近似圆形的轨道形状不一致。

此外，冥王星位于太阳系的外层空间，就在众多冰封小天体聚集的柯伊伯带中。这说明它并未能够清除运行轨道上的其他物体，故有很多小天体存在于它的轨道中。

基于上述几方面的原因，国际天文学大会于 2006 年 8 月 24 日通过天文学家们的投票，正式将冥王星从太阳系的行星行列中除名，把它划归为矮行星。

意外的是，这一事件引起了当时美国民众的抵触和不满，在美国各地引发了许多次大规模的游行示威抗议活动。原来，冥王星是太阳系中唯一一颗由美国科学家发现的“大行星”，而且是在 1930 年美国经济萧条时期发现的。发现冥王星的消息给当时的美国民众带来了极大的精神鼓励，甚至美国人认定了冥王星就是“美国行星”，对它产生了深厚的感情。另外，冥王星的英文名字为布鲁托（Pluto），源于西方古罗马神话故事中的地狱之神的名字。这个名字刚好与美国迪士尼动画影片中广受欢迎的著名卡通狗（如图 8-3）同名。美国民众爱屋及乌，因而不满于冥王星的“降级”，这似乎显示了冥王星与美国的历史文化有着某种特殊的联系。

图 8-3 美国迪士尼动画中米老鼠的宠物狗 Pluto 与冥王星同名

到了 2003 年，美国天文学家迈克·布朗发现了第十颗“行星”，它就是阋神星，刚好位于柯伊伯带 - 离散盘内，并且估计它的直径比冥王星大。这样一来，冥王星不再是太阳系中海王星轨道以外唯一的大天体，它的行星地位被彻底

动摇了。于是发生了 2006 年冥王星被“开除”，离开太阳系“行星家族”的事件。

显然，冥王星的“降级”是人类探索和认识太阳系过程中一个阶段性成果，是符合客观实际的做法。人类对宇宙的探索是永无止境的，随着科学的发展和技术水平的提升，人类对宇宙的认识还将不断拓展和加深，已有的认知虽然已被民众广为接纳和认可，但也难免被推翻。虽然在情感上难以接受，但科学知识的拓展将使人们逐渐摆脱唯我独尊的幻觉，认识宇宙的伟大和人类的渺小与局限。冥王星的“降级”事件，重新给了人们一个放下固有偏见，实现认知飞跃的机会。

2. 遥远冰冷的矮行星

冥王星位于太阳系外层空间，与太阳的距离平均约为 60 亿千米。这使它能接受到的太阳光很少，因而表面异常寒冷，温度约为 -238~-218℃。由此可见，它是一颗遥远冰冷的矮行星。

2015 年 7 月，美国发射的“新视野”号探测器经过了 9 年多的长途跋涉，终于成为第一个探访冥王星的探测器，同时传回了大量的图像和数据。从照片可见，冥王星具有微微泛红的外貌（如图 8-4）。它的“地表”丰富多彩，分布着高耸的山脉，蜿蜒的冰川，还有广阔平坦的平原。其中有两座巨大的冰火山，峰顶有凹陷，直径有几十千米，高约 5 千米，十分雄伟。另有一处心形冰原，被称为“冥王之心”（如图 8-5），它的西边就是广阔平滑的斯普特尼克平原，名字源于人类发射的第一颗人造卫星“斯普特尼克”。

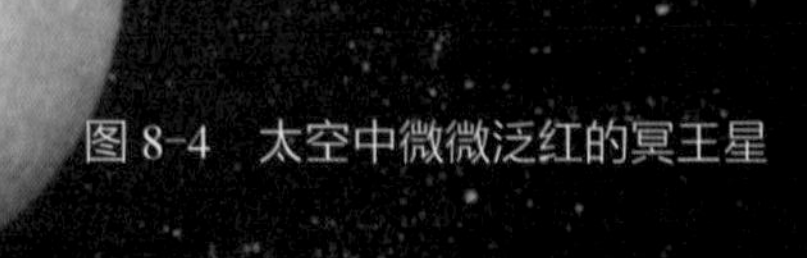

图 8-4　太空中微微泛红的冥王星

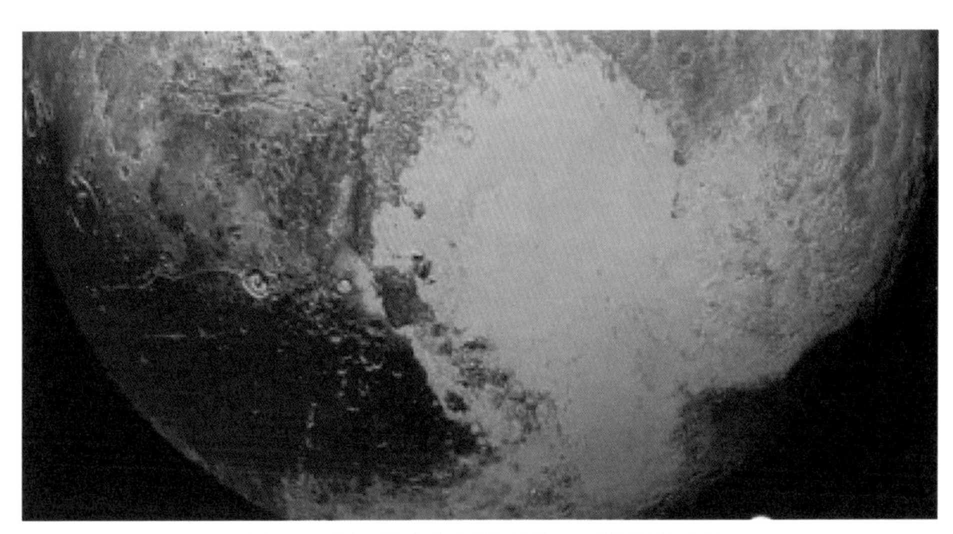

图 8-5 冥王星上的心形冰原——“冥王之心”

冥王星的公转周期约为 248 个地球年，自转周期约为 6 个地球日。科学家观测证实，冥王星具有稀薄的大气层，表面大片地区平坦，没有撞击坑。这令科学家们感到十分的意外，同时也说明了它在地质学上的年轻特征。后续的观测分析表明，冥王星的“地表”有三种冰，大部分是氮冰，还有少许的一氧化碳冰和甲烷冰。地下是水冰和岩石。表面淡淡的红色估计是甲烷受紫外线照射发生反应形成粉红色的碳氢化合物所致。地下水冰会融化形成冰岩浆并喷射到“地表”，在表面迅速冻结，继而堆积成冰火山。而表面冻结的氮冰具有软流质地，不断地从山地流向平原，使平原“地表”光滑平坦。科学家们深入分析认为，冥王星地下蕴藏着液态水构成的地下海洋，正是地下海洋上层水发生冻结产生的潜热，驱动了冥王星表面的冰火山活动。

3. 奇异的卫星

冥王星有 5 颗已知的天然卫星：冥卫一（卡戎）、冥卫二、冥卫三、冥卫四、冥卫五。其中卡戎最大，它的直径是冥王星的 1/2，质量是冥王星的 1/8，在离冥王星很近的轨道上旋转；其他 4 颗卫星都比较小，像翻滚的冰质碎片一样围绕着冥王星和卡戎旋转。科学家们估计，冥王星很可能在早期遭到过重大的撞击，而它的卫星们正是撞击的产物。

颇为特别的是，冥王星与卡戎彼此绕着对方旋转（如图 8-6），始终保持同一面朝向对方。它们的相对位置始终固定，显得与众不同，是整个太阳系中绝无仅有的。科学家们据此将它们称为双星系统。

（二）富含水的谷神星

谷神星（Ceres）是太阳系中已知最小的、也是唯一一颗位于小行星带的矮行星。它绕行太阳一周的时间是 4.6 个地球年，曾被认为是太阳系已知最大的小行星。

图 8-6　冥王星与冥卫一（卡戎）

谷神星是小行星带中第一个被发现的天体，由意大利天文学家朱塞普·皮亚齐在 1801 年发现。美国发射的“黎明”号探测器飞行了近 8 年，于 2015 年 4 月到达小行星带。谷神星于是成了第一个受访的矮行星。

图 8-7　谷神星可能向太空喷射水蒸气羽流

谷神星的直径大约为 950 千米，体积较大，呈圆形，含有大量的水，是小行星带一颗奇特天体（如图 8-7）。科学家认为，它很可能具有岩石内核，地幔层包含大量冰水物质，表面分布有陨石坑、滑坡和山峦等，还有大量的含水矿物质。初步推测水的含量占星球总体积的 40%。此外，探测器拍摄的照片显示，它的表面有很多液态水留下的盐渍，遍及星球的各个角落。对于谷神星，仍有待更多的探索和研究。

（三）灰色的阋神星

阋神星（Eris）是一个已知第二大的矮行星，它的直径约为 2 326 千米，略小于冥王星。与太阳的距离比冥王星远三倍。

阋神星的外表呈灰色（如图 8-8），主要成分是冰和甲烷。它的表面有甲烷冰，这与冥王星很相似。此外，它的轨道倾角为 44°，偏心率高达 0.4。它绕日一周的运行时间为 557 个地球年。

此外，科学家还发现阋神星有一个卫星，称为阋卫一。

对于阋神星及其卫星的探索正在进行中。

图 8-8 阋神星与阋卫一

（四）奇怪的妊神星

妊神星（Haumea）位于柯伊伯带，于 2004 年由美国科学家发现，是太阳系第四大矮行星，质量是冥王星质量的 1/3。

在人类已知的矮行星中，妊神星具有独特的极度形变，像一根被压扁的雪茄。科学家通过光变曲线计算的结果表明，妊神星呈椭球形（如图 8-9），其长半轴是短半轴的两倍。同时推算它的自身重力足以维持流体静力平衡，认为它符合矮行星的定义。进一步的分析认为，它的形状伸长，自转速度快，具有高密度，表面因水冰结晶而具有高反照率。

妊神星还有两颗卫星：妊卫一和妊卫二，因此被戏说是“拖家带口”。

最新的观测发现，妊神星还具有行星环（如图 8-10），宽约 70 千米，距离妊神星表面约 1 000 千米。目前人们对妊神星的认识还很有限，有待

图 8-9 妊神星与它的卫星们

图 8-10　妊神星的行星环

后续的探索研究。

（五）冰冻荒凉的鸟神星

鸟神星（Makemake）也位于柯伊伯带，于 2005 年由美国科学家发现，是太阳系中已知的第三大矮行星。它的质量约为冥王星的 2/3，直径约为冥王星的 3/4。

最新分析认为，鸟神星是一颗由岩石和冰构成的小天体（如图 8-11）。光谱分析也显示，它的表面覆盖着甲烷与乙烷，还有少量的固态氮。一般认为，它是一个没有大气和生命的冰冻荒凉天体。

2016 年 4 月 26 日，美国科学家宣布发现了鸟神星的小卫星，命名为“MK 2”。

图 8-11　鸟神星与新发现的卫星

由于鸟神星强烈的光辉，小卫星显得非常暗弱，几乎难以看到。

对于鸟神星，人类还有待更多的探索。

二、小行星

小行星（asteroid）是指太阳系中与行星一样环绕太阳运动，但体积和质量比行星小得多的天体。从广义上，小行星是环绕太阳运动但小于矮行星的其他天体，直径可从数米至 1 000 千米不等，包括太阳系里除了彗星以外的所有小天体。

截至 2018 年，在太阳系内一共已经发现了约 127 万颗小行星，其中只有少数直径大于 100 千米。

小行星的名字由两部分组成：前面是永久编号，后面是名字。每颗被证实的小行星先会获得一个永久编号，发现者可以为它起名字，最后需要获得国际天文联合会批准才可正式使用。如果小行星的轨道可以足够精确地被确定，那么它的发现就算是被证实了。否则，在被证实之前可以获得一个临时编号，由发现年份和两个字母组成，如 2004 DW。

太阳系中目前有约 90% 的已知小行星轨道位于小行星带中，其中有已经升级为矮行星的谷神星，还有智神星等。另外，有部分小行星分布于柯伊伯带和离散盘。

（一）小行星带

小行星带位于火星与木星轨道之间的地带（如图 8-12）。由于小行星的密集分布，这里也被称为主带。

科学家们观测发现，许多小行星表面崎岖嶙峋，布满了大大小小的撞击坑，有许多大小不一的巨砾，或者是有许多沟槽（山脊与谷地），裂谷和裂缝等。这些与地球表面的地貌相似，但成因则不相同，因为它们是由剧烈的碰撞形成的。

据分析，这么多小行星能够被聚集在小行星带中，除了太阳的引力作用以外，木星的引力起着更大的作用。因为巨大木星的重力影响，致使许多小行星相互碰撞，形成许多残骸和碎片，阻碍了小行星发展成行星的过程。主带内只有谷神星的直径约为 950 千米，另外还有智神星、婚神星和灶神星的平均直径超过 400 千米，其余的小行星都较小。小行星带的物质非常稀薄，人类有好几艘太空探测器都很安全地通过这里，并未发生意外的碰撞。

图 8-12　小行星带在太阳系中的位置

据统计，目前已经被编号的小行星有 120 437 颗。科学家们估计应该有数百万颗，因而还有大量的小行星等待人们去发现。

（二）柯伊伯带

柯伊伯带（Kuiper Belt）是太阳系在海王星轨道外的黄道面附近、天体密集分布的中空圆盘状区域（如图 8-13）。它距离太阳 60~75 亿千米，过去一直被认为是一片空虚，是太阳系的尽头所在。事实上，这里分布着大大小小的冰封物体，热闹无比。我们已经知道，冥王星、鸟神星、妊神星等矮行星都分布在这里。

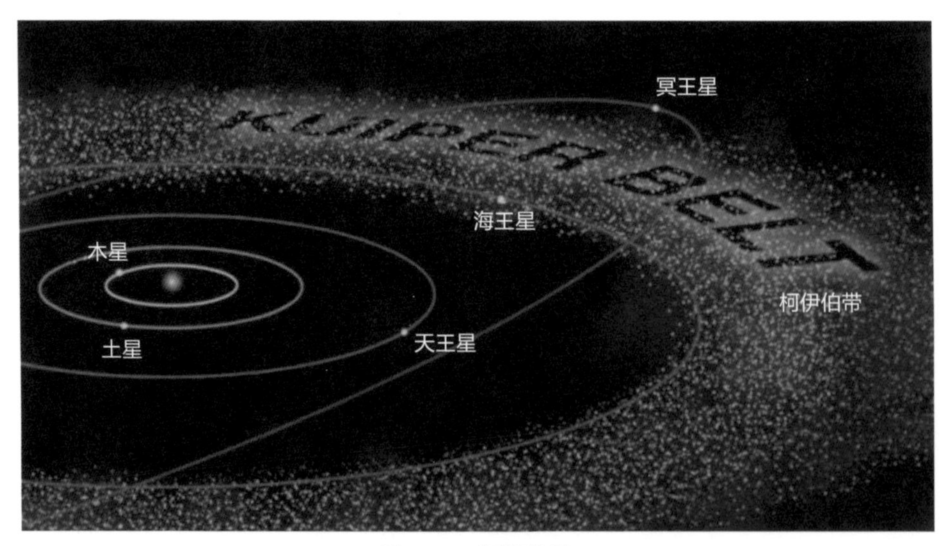

图 8-13　柯伊伯带

20世纪50年代，天文学家柯伊伯(Kuiper)和埃吉沃斯(Edgeworth)预测，在太阳系海王星轨道以外的区域充满了冰封的小天体，它们是形成太阳系的原始星云残留物质，也是短周期彗星的来源地。到了1992年，人们找到了第一个柯伊伯带天体。如今，大约已有1 000个柯伊伯带小天体被发现和记录，这些天体的直径从数千米到近千米不等，证实了柯伊伯带理论的正确。从此以后，天文学界就以纳德·柯伊伯的名字命名这一小行星带。

从太阳系的形成可以推测，在45亿年前太阳系形成时，遗留下许多星云残留物质，如同许多的团块体。在更接近太阳的地方绕着太阳转动，互相碰撞并结合在一起，形成地球和其他类地行星，以及气体巨行星的固体核。在远离太阳的地方，它们处在温度极低的冰冻环境，一直保留着原来的样子。柯伊伯带中的小天体应该就是这样的遗留物，它们在太阳系刚开始形成时就已经存在，可见它们都具有古老性。

虽然柯伊伯带的存在已是公认的事实，但柯伊伯带为什么会存在？种种疑问成为太阳系形成理论的许多未解谜团，等待人们去探索。

（三）离散盘

离散盘（Scattered disc）是在太阳系最远的区域内零星散布的、主要由冰组成的小行星们，它的最内侧部分与柯伊伯带重叠，它的外缘向外伸展，最远可达150多亿千米，甚至远离了黄道面的上下方。因此，外缘部分的天体也被称为黄道离散天体。

离散盘是太阳系海王星轨道外天体中一个很独特的群体，其中的黄道离散天体有极高的偏心率和轨道倾角，表现为更倾斜更扁的扁椭圆形轨道，显得很怪异且不稳定。离散盘天体大多都是由水和甲烷等低密度、易挥发（升华）的物质构成，颜色多为灰色和白色。最新观测认为，阋神星就是离散盘天体的典型代表。

此外，离散盘天体是太阳系短周期彗星的发源地，这可能是由离散盘天体具有不稳定的运行轨道所导致的。目前，人们对离散盘所知非常有限，有待后续的探索。

（四）小行星的威胁

小行星由于自身质量和体积较小，很容易受影响而脱离自己的运行轨道，又因受太阳的巨大吸引而朝向太阳系内部移动，进而撞击其他星体，包括地球。

地球有史以来经历过无数次外来星体的撞击。据科学家们估计，地球上直径大于800米的撞击坑有15万个以上。

地球处在数万颗小行星的包围之中。这些小行星轨道复杂多变，所受影

响因素多，撞击地球常常不可避免。虽然因为木星的保护，地球减少了许多被撞击的机会，但威胁依然存在。

例如，2020 年 2 月国际相关机构就发出警告：一颗直径约 200 米的巨大太空岩石（大小相当于 4 个足球场）正在以 124.9 千米 / 秒的速度向地球飞来，并于北京时间 2020 年 2 月 29 日早晨 8：29 飞掠地球上空，近距离威胁地球。

再如，1976 年 3 月 8 日下午，我国吉林省吉林市郊区发生了撞击事件。一颗来自太空的陨石在城市上空爆裂，形成了震惊世界的“吉林陨石雨”。人们当时只听到一阵震耳欲聋的轰鸣，随后一个大火球从天而降，在 19 千米的高空发生了大爆裂，大大小小的陨石碎块散落下来，其中最大的一块称为“吉林 1 号”陨石（如图 8-14），重达 1 770 千克，撞击地面时产生的烟尘如同蘑菇云，砸穿了冻土层，形成一个深 6.5 米、直径 2 米的坑，溅起的碎石土块飞散到 150 米远处。事后人们共收集了大小陨石共 100 多块。

图 8-14 “吉林 1 号”陨石

经过科学家们后续多年的研究，吉林陨石的母体原是小行星带中一颗半径约 220 千米的小行星，是大约 46 亿年前太阳星云的残留物。该小行星约在

800万年前受到撞击，分裂出吉林陨石。吉林陨石因此改变了运行轨道，且与地球轨道有交叉，撞击地球成为必然。在太阳系漫长流浪之后，它以16~18千米/秒的速度追上了地球，并以16°的入射角冲进地球大气层，发生了大爆裂，形成了一场特大的陨石雨。所幸这次事件没有造成人畜伤亡。

由此可见，地球面临着小行星撞击的巨大威胁。如何应对呢？科学家们正在探索中。

三、彗星

彗星（Comet）是太阳系中一种体积庞大、质量较小、呈云雾状、绕太阳运行的天体（如图8-15）。它的形状像扫帚，所以俗称扫帚星。“彗”在我国古文中是“扫帚”之意，在西方的希腊文中则是“尾巴”或“毛发”之意。因此，它曾经被认为是不祥的征兆，但这毫无科学根据。实质上，彗星与行星、矮行星、小行星一样，是太阳系中的一类天体，同时也是漂亮有趣、值得研究的小天体。

图8-15 彗星

（一）结构与组成

彗星主要由彗头和彗尾组成。彗头包括彗核、彗发和彗云三部分。彗核是较亮的中心部分，主要是由冰块和许多尘埃冻结在一起的“脏雪球”，直径为1~10千米，是彗星物质集中的部分，其中有30%是水，其他为复杂有机物、硅酸盐、碳、一氧化碳、二氧化碳等。彗发是彗核外围的云雾包层，直径可达几万至几十万千米。彗云也称为氢云，就是包围在彗发周围的一个巨大的、发射紫外线的氢原子云。彗发和彗云是在太阳辐射作用下由彗核中蒸发出来的气体和微小尘粒所组成，其密度接近真空。当具有一定质量的彗星运行到距太阳很近时，太阳风和太阳辐射压力可将彗发的气体和尘粒推开，形成彗尾。彗尾是最为壮观的部分，可长达数亿千米，且形状各异，有时还不止一条（如图8-16）。由于太阳风的压力，彗尾总是向着背离太阳的方向延伸（如图 8-17），越靠近太阳彗尾就越长。但并非所有的彗星都带有彗尾。

图 8-16　彗尾形状各异

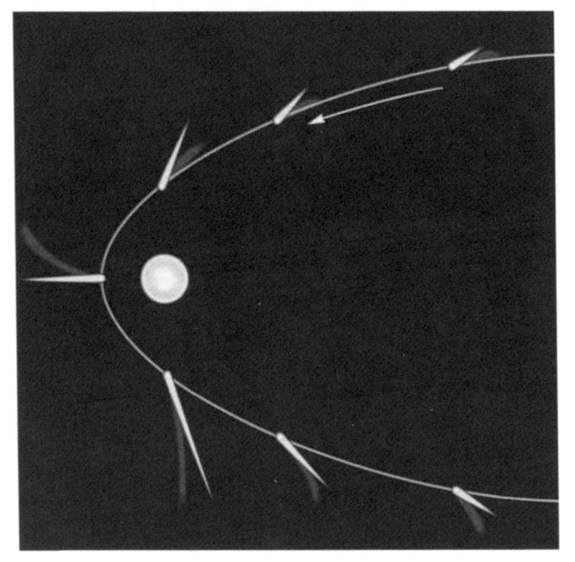

图 8-17　彗尾的方向

（二）运行轨道类型

彗星的运行轨道有椭圆、抛物线、双曲线三种。具有椭圆形轨道的彗星称为周期性彗星，另外两种轨道的则称为非周期性彗星。周期性彗星会如期回归，可分为短周期彗星（周期少于 200 年）和长周期彗星（周期长于 200 年）。非周期性彗星的运行轨道呈抛物线或双曲线，只有一次机会经过近日点，之后便一去不再复返。

目前已经发现的彗星有 1700 多颗，但计算出轨道的只有 600 多颗。历史上第一个被观测到相继出现的是哈雷彗星（如图 8-18），由英国物理学家埃德蒙·哈雷首先测定轨道数据，并计算出它的周期平均为 76.1 年。哈雷彗星上次回归是在 1985 年底到 1986 年初，下一次大约是 2061—2062 年。

图 8-18 哈雷彗星

（三）近年研究发现

近年来，科学家们对彗星展开了深入的研究。1986 年，欧洲空间局发射了“乔托”号探测器，与著名的哈雷彗星惊险交会，目的是去观察它的彗核。2005 年，美国航空航天局进行了一次更大胆的探测，派出“深度撞击”号探测器撞击正在高速飞行的彗星。2014 年，欧洲的“罗塞塔”号彗星探测器首次开始对彗星进行长期研究，如降落在彗星表面，或与彗星一起绕太阳飞行等，试图研究彗星的构成物质。

根据最新报道，科学家们近日在“罗塞塔”号探测器上发现了一些化学残留物，分析发现其主要成分为氨、甲烷、硫化氢、氰化氢和甲醛。据此认为，彗星闻起来就像是臭鸡蛋、马尿、酒精和苦杏仁的综合气味。

目前，彗星的起源是个未解之谜。很多彗星来自柯伊伯带，那里的小天体不时会偏离原有轨道，继而闯入太阳系内层。彗星的轨道及公转周期会因受到木星等大型天体影响而改变，它们也会因某些原因而解体或消失。彗星解体后可能会形成流星群。另外，较大的彗星仍然有撞击地球的可能性，因而也是一种威胁。